"Introducción al estudio de la Ecología vegetal y la Edafología (Ciencia del Suelo)".

José Waizel Bucay

*Biólogo, Maestro y Doctor en Ciencias Biológicas por la Universidad Nacional Autónoma de México (UNAM).

Ex Profesor Titular del Instituto Politécnico Nacional (IPN) y de la UNAM.

México, 2021.

José Waizel-Bucay

"Introducción al estudio de la Ecología vegetal y la Edafología (Ciencia del Suelo)".

Primera edición; 2006. En: Waizel, Bucay José.

Introducción la Ecología vegetal y el Suelo,

En: "Las Planta Medicinales y las Ciencias Una visión multidisciplinaria" Edición del Instituto Politécnico Nacional (México).

Segunda edición corregida y aumentada; 2021.

Publicado independientemente (Independent published. Amazon edited). (Editado por Amazon.com).

Derechos Reservados (DR); © Copyright 2000. JOSÉ WAIZEL BUCAY.

Registro de la 1ª. Edición en el Instituto Nacional de Derecho de Autor (México), número: 03-2000-02811501300-01

ISBN: 978734315309

Ninguna parte de esta publicación puede ser reproducida o transmitida en cualquier forma o por cualquier medio electrónico o mecánico, incluyendo el fotocopiado, grabación, o por cualquier sistema de información o retrasmisión, sin el permiso previo y por escrito del editor y/o autor.

Dedicatoria

Al bendito recuerdo de mis abuelos y padres como tributo perenne a su legado de enseñanzas y agradecimiento a su cariño, y sus esfuerzos por contribuir a mi formación. A la memoria de Adela, Victoria, Raquel, Sara y Mario Waizel. De Linda Bucay y David Haiat quienes permanecerán siempre en mi corazón.

A la compañera de mi vida, mis hijos y nietas por regalarme sus sonrisas y ser mis razones para seguir agradeciendo el estar con vida.

A la memoria de los Maestros: Nicolás Aguilera Herrera, Salvador Sánchez de la Peña, Ángel Salas Cuevas, Luciano Vela Gálvez, y como reconocimiento a todos aquellos que a lo largo de mi vida trataron de enseñarme algo que yo no conocía y en la medida del esfuerzo conjunto, algunos lo lograron y contribuyeron a forjar y nutrir mi espíritu, y así cumplieron con la noble misión del Maestro de ilustrar y redimir a la humanidad.

Agradecimientos

Se aprecia a la M. en C. Laura Cárdenas Flores del Banco de Imágenes de la Comisión Nacional para el Conocimiento y Uso de la Biodiversidad (Conabio-México), el haber concedido el permiso para el uso de algunas fotografías. Se agradece también la autorización del Instituto Nacional de Estadística, Geografía e Informática (INEGI) para el uso de los mapas de: suelos y de los tipos de vegetación de México y de la información contenida en sus publicaciones. Se reconoce también a mí admirado Maestro, Dr. José Sarukhán K. su autorización para reproducir el mapa de las regiones biogeográficas, elaborado por: A.R. Mittermeier y C. Goettsch de Mittermeier.

A mis compañeros y amigos del Instituto Politécnico Nacional, por su amistad sincera y desinteresada y por el privilegio que me otorgaron al brindarme su aprecio por tanto tiempo que pasamos juntos.

Introducción al Estudio de la Ecología y la Edafología

TABLA DE CONTENIDO

Dedicatoria 1
  Agradecimientos 2
Capítulo 1 7
INTRODUCCIÓN A LA ECOLOGÍA VEGETAL 7
Definición del término ecología, generalidades y relevancia 7
  Niveles de organización de la materia en biología 10
    FACTORES DEL ECOSISTEMA 17
    Temperatura y Clasificación Climática del mundo 18
    Clasificación climática de Köppen 19
    Luz 21
    Atmósfera y la presión atmosférica 24
    Viento 26
    Fuego 28
    Gravedad 30
    Topografía 31
    Regiones fisiográficas de México. 31
    Altitud 34
    Latitud y longitud 36
    Efectos de la latitud y longitud 37
    FACTORES BIOLÓGICOS 38
    Plantas y animales 38

Ley de los mínimos o ley de Liebig 39

Hábitat y nicho ecológico 41

Relaciones inter e intraespecíficas 41

Depredación 47

Parasitismo 48

Plantas superiores parásitas 53

Plantas superiores hemiparásitas 55

Epífitas 57

Plantas superiores saprófitas 58

Relaciones intraespecíficas 59

LA BIOGEOGRAFÍA 60

Geografía botánica 61

Principales tipos de vegetación en la República Mexicana 63

LA DIVERSIDAD BIOLÓGICA MUNDIAL 66

LOS PRINCIPALES ECOSISTEMAS MEXICANOS 68

Capítulo 2 75

Introducción al estudio del Suelo o Edafología 75

Algunas definiciones del concepto suelo 75

Origen y formación del suelo 78

Procesos de formación de los suelos (Edafogénesis) 79

I. Meteorización física 79

II. Meteorización química 80

III. Meteorización biológica 81

Suelos transportados 83

LA LITÓSFERA Y LAS ROCAS DE INTERÉS EDÁFICO 85

Rocas ígneas 86
Rocas metamórficas 87
Rocas sedimentarias..87
Composición del suelo 88
Organismos del suelo 90
FRACCIÓN LÍQUIDA Y GASEOSA...95
ALGUNAS PROPIEDADES FÍSICAS DEL SUELO 96
    Textura 96
    Estructura 98
    Reacción del suelo, el pH...102
LAS FUENTES DE ELEMENTOS NUTRITIVOS PARA LAS PLANTAS EN EL SUELO 105
Generalidades de la fisiología de los elementos nutritivos para las plantas...108
    La nutrición mineral 108
    Elementos esenciales 110
    Los macronutrientes 110
    Micronutrientes..121
PRINCIPALES TIPOS DE SUELOS 131
IMPORTANCIA DE LA CONSERVACIÓN DEL SUELO 140
    LA CONTAMINACIÓN DE LOS SUELOS POR LA ACTIVIDAD HUMANA 145
A MANERA DE CONCLUSIÓN 148
BIBLIOGRAFÍA 150
    ACERCA DEL AUTOR 161

José Waizel-Bucay

Capítulo 1

INTRODUCCIÓN A LA ECOLOGÍA VEGETAL

Definición del término ecología, generalidades y relevancia

La Ecología es la ciencia que estudia las mutuas relaciones entre los organismos y su medio (ambiente) externo físico y biológico, su nombre proviene del griego: *oikos:* casa y *logos*: palabra, discurso, o tratado. También comprende el funcionamiento y la estructura de los sistemas naturales, también denominados biomas o ecosistemas, los que son unidades naturales constituidas tanto por seres vivos como por materia inerte, con interacciones mutuas que les permiten formar un sistema estable, en el cual el intercambio de elementos y compuestos entre los seres vivos y el medio inerte es circular, es decir, forma un sistema cerrado.

En conveniencia para su estudio, se le subdivide en ecología animal y ecología vegetal. En particular esta última, la ecología de las plantas, está íntimamente ligada a la agricultura, la silvicultura (cultivo de los bosques), la praticultura (cultivo de pastizales), y a la conservación de los suelos, y se subdivide a su vez, en autoecología y sinecología.

La autoecología (ecología del individuo), comprende el estudio de organismos individuales, o de poblaciones de ellos aisladas y sus relaciones con el medio; mientras que la sinecología, se refiere al conocimiento de las relaciones con el medio, de grupos de organismos asociados, o dicho con otras palabras, al estudio de la biomasa o del total de componentes vivos de que constituye una comunidad, y sus relaciones con el medio. También esta última, estudia la estructura, el desarrollo, la función y las causas de distribución de las comunidades vegetales.

La ecología es una de las ramas de la biología que más impacto ha causado en fechas recientes debido a su relación directa con el bienestar del hombre. Aun cuando es muy antigua y se pueden reconocer ideas ecológicas en escritos desde los tiempos, tanto del Antiguo Testamento como de Aristóteles, sin embargo, esta ciencia es reconocida como tal, hasta fechas recientes. En opinión de Sevilla (1977), desde los tiempos de Teofrasto (372-287 a.n.e. o antes de nuestra era), ya se reconocía la existencia de asociaciones entre plantas y animales en estrecha relación con el medio ambiente. Se considera que el padre de la ecología fue J. L. Leclerc, más conocido como el Conde de Buffon (1707-1788), quien en su obra dejó impreso un gran sentido ecológico, sin embargo, fue Ernst Haeckel en 1866 o 1869 (según refieren diferentes autores), quién acuñó el término aunque otros escritores, como Rexford Daubenmire (1996), refieren que quién propuso la palabra ecología (*oekologie*) fue el zoólogo Hanss Reiter en el año 1885, como subtítulo de un libro que trataba sobre Geobotánica.[1]

La importancia actual de la Ecología no sólo puede reconocerse por la gran cantidad de trabajos científicos que se publican en el campo, sino la enorme cantidad de publicaciones de divulgación que han salido a la luz, en los últimos años.

Concepto de recurso natural

El diccionario *Larousse* (1984), define como natural "a todo aquello que aparece en la naturaleza y no ha sido preparado artificialmente por el hombre", y como recursos a: "los elementos que constituyen la riqueza o la potencia de una nación", por lo que conjuntando dichas definiciones, en nuestra opinión, los recursos naturales de un país, son aquellos con los que los dotó la naturaleza en forma espontánea y que están al alcance del hombre.

Para efectos de la Ley General (mexicana) del Equilibrio Ecológico y la Protección al Ambiente, expedida el 28 de enero de 1988, y cuya última reforma fue publicada el 9 de enero del 2015, se entiende por Recurso Natural a: "el elemento natural susceptible de ser aprovechado en beneficio del hombre".

Los recursos naturales se pueden dividir en renovables

---

[1] Se recomienda ver:
https://historiascienciasquinones.blogspot.com/2018/02/cronologia-de-la-ecologia.html

y no renovables. Los primeros, son aquellos que por sí mismos se pueden reproducir o perpetuar, (lo que en teoría, "los presentaría como inextinguibles o inagotables") como en los casos, de los bosques, las praderas, los matorrales, o los bancos de peces o cardúmenes en un océano. Mientras que para ilustrar los no renovables, tenemos, a los combustibles como la hulla o carbón de piedra, el petróleo, el gas natural, así como las gemas, el azufre y otros minerales no metálicos como el asbesto, que son recursos que no pueden volverse a utilizar, además de los minerales metálicos, los que, aunque ahora se reciclan, no pueden reproducirse y están en el planeta en cantidades definidas y finitas. Ambas clases de recursos se pueden agotar, debido a malos manejos y sobreexplotación.

Niveles de organización de la materia en biología

Por razones de espacio, sólo se mencionarán los niveles de organización a partir de un individuo de una especie, aclarando que existen otros por debajo, tales como aparatos, y sistemas, órganos, tejidos, células, macromoléculas, etcétera hasta llegar a los niveles subatómicos.

Especie: es aquel grupo o población de individuos similares, con un conjunto de características estructurales y funcionales idénticas, y que en condiciones naturales sólo se reproducen entre sí y proceden de un antecesor común.

Las especies, en particular, pueden tener un hábitat muy limitado, o por el contrario, habitar en varias regiones del mundo, denominándose entonces como especies con hábitat cosmopolita o usando un sinónimo, como especies pandémicas.

Al ocupar una región dada, (muy posiblemente en la que se originaron), se denominan entonces como especies nativas o indígenas de ese lugar. Por el contrario, existen los casos de especies introducidas, natural o artificialmente en una región a las que se conoce también con la denominación de exóticas. Por otra parte, reciben el nombre de especies endémicas, aquellas que sólo se encuentran en un área tan restringida que las convierte en características del país donde habitan.

Las agrupaciones de organismos de acuerdo a su nivel organización, pueden ser de tres tipos: población, comunidad y ecosistema.

Los individuos al agruparse conforman poblaciones determinadas, o específicas, provenientes (con frecuencia) de una sola planta madre, constituyendo familias. Ellas son unidades pequeñas y típicas en las primeras etapas de la evolución de las unidades de vegetación, y generalmente se encuentran en aquellos lugares donde se han producido alteraciones locales (incendios, u otro tipo de perturbaciones).

Las familias se mezclan con otras adyacentes, o bien,

dos o más especies pueden entrar simultáneamente en un área carente de vegetación, en ambos casos, a esta comunidad inicial se le denomina como colonia. Por ejemplo, colonias de plantas ruderales se presentan en terrenos o en jardines o construcciones abandonadas, o en sus restos (consolidados o no). También en campos bajos sujetos a inundaciones periódicas, como las colonias de plantas fijadoras de arena en las dunas eólicas, y las asociaciones constituidas por diferentes especies denominadas en su conjunto como malezas o arvenses, y conformadas por ejemplo, tanto por pastos (*Agrostis* spp.), como, por otras hierbas, como *Epilobium angustifolium* (Onagraceae), comúnmente nombrada como: "maleza del fuego", las que brotan después de los incendios de terrenos con vegetación.

Entonces, si dos o más plantas invasoras pueblan un área desprovista de vegetación la comunidad constituida será una colonia, mientras que un campo limpio sembrado de maíz representa una familia, y un campo invadido por malezas o malas hierbas es una colonia. Estas unidades evolucionan hacia unidades mayores con mayor complejidad hasta llegar a una formación o comunidad clímax,

Fig. 1.1. Bosque de pino-encino. (Foto: Francisco González Medrano / Banco de

los que tienen un alto grado de estabilidad, que puede ser estimado en miles o hasta millones de años, como el caso de los pastizales del centro de los Estados Unidos de América, o el del bosque caducifolio, entre otras (véase figura 1.1. Bosque de pino-encino).

Por ejemplo para ilustrar el concepto especie, tenemos que es, entre otras, el caso de *Digitalis purpurea*, "dedalera o digital", mientras que modelos de poblaciones pueden ser, respectivamente: Un pinar conformado por grupos de individuos de la especie: *Pinus montezumae*; un manglar por *Rhizophora mangle*, o un mezquital por *Prosopis juliflora*.

Una comunidad, o comunidad biótica o biocenosis, de acuerdo a la terminología empleada en ecología, es un "conjunto de poblaciones que actúan recíprocamente entre sí y que viven en un área definida o medio físico, del cual dependen y al cual a su vez, modifican".

En la comunidad, los organismos de diferentes especies, tanto animales como vegetales, viven normalmente juntos de un modo ordenado, y no son simplemente seres independientes esparcidos al

Fig. 1.2. Comunidad Bosque mesófilo. (Foto: Jersy Rzedowsi R. / Banco de imágenes Conabio).

azar por la tierra. La comunidad cambia de acuerdo a la estación del año, tanto en el número como en el tipo de pobladores, los que, también sufren variación y tiende a tener una composición relativamente constante, en cuanto a las poblaciones que la constituyen y manifiesta una tendencia hacia una estabilidad dinámica, es decir, que se autorregula, por lo que en ella ocurre, como en cualquier ser vivo, la homeostasis. Ejemplos de este nivel de organización son: Un matorral, un bosque, un pastizal, la tundra, etcétera, (véase figura 1.2.).

No comúnmente se puede apreciar dónde termina una comunidad y en qué lugar comienza otra, por lo general, se funden en áreas de transición superpuestas las que conforman comunidades mixtas, denominadas ecotonos.

El ecosistema, es una unidad natural para el estudio de la ecología, y es en opinión de Cruz (1979), un término algo más técnico para decir naturaleza. Consta de la comunidad o conjunto de poblaciones, más los factores físicos y químicos que las rodean, además de estar inmerso en un espacio y tiempo determinados. Su extensión puede variar desde el área que ocupe un pequeño acuario autosuficiente, hasta la inmensidad de un océano, pasando por un bosque o selva de tamaño intermedio.

Dicha unidad, es autosuficiente, en el seno de la cual, y de acuerdo a la Ley de Lavoisier o de la Conservación de la Materia, ocurren cambios cíclicos de materiales (ciclos biogeoquímicos) y energía entre los seres vivos y el ambiente, formando verdaderos sistemas cerrados en el caso de los materiales (elementos como el carbono, fósforo, calcio, nitrógeno, etcétera, y compuestos químicos como el agua), mientras que al respecto de la energía (luz), el sistema es abierto, ya que en este caso, el flujo es unidireccional, pero no regresa al sitio de origen (el cual es en caso de tratarse de un ecosistema natural, el sol).

Para otros autores, el bioma, a diferencia del ecosistema, es una gran comunidad viviente, más o menos definida, fácilmente diferenciable, que nace como resultado de complejas interacciones entre el clima, con otros factores físicos y los de tipo bióticos. En el bioma es uniforme el tipo de vegetación culminante (plantas herbáceas, coníferas, árboles de hojas caducas), e incluye diferentes asociaciones vegetales, tanto dominantes como otras de tipo intermedio que preceden a las primeras.

Los mayores biomas de la Tierra son:

1. bosque de árboles caducifolios o bosque templado (véase figura 1.3.)
2. bosque de coníferas
3. bosque seco
4. bosque subtropical siempre verde (perennifolio)
5. bosque tropical lluvioso
6. chaparral (véase figura 1.4)
7. desiertos y semidesiertos
8. matorral (véase figura 1.5.)
9. pradera (sabana)
10. taiga
11. tundra, (véase figura 1.6.) y

12. los biomas acuáticos, en donde el mayor es el océano dividido en dos grandes regiones: 1) la pelágica (necton, plancton y neuston) y 2) la bentónica que se divide en varias regiones.

Fig. 1.3. Bosque templado. (Foto: Memory Catcher en Pixabay.com).

Fig. 1.4. Chaparral. (Foto: Francisco González Medrano / Banco de Imágenes Conabio).

Fig. 1.5. Matorral xerófilo. (Foto: Francisco González

Fig. 1.6. Tundra ártica. (Foto: Dominio público. Autor: USFWS).

Los biomas asemejan bandas o cinturones alrededor del planeta, y reciben su denominación según la especie predominante, por ejemplo: encinar, izotal, matorral, mezquital, palmar, pastizal, pinar, etcétera.

La biósfera, agrupa a los diferentes ecosistemas y biomas, y equivale a toda el área ocupada por seres vivos o con posibilidades de permitir su vida, en los distintos medios, acuáticos, terrestres y aéreos.

FACTORES DEL ECOSISTEMA

A los componentes estructurales de un ecosistema, se les conoce como factores, los que de acuerdo a su tipo, se pueden dividir en dos grandes grupos: 1) fisicoquímicos o abióticos, y 2) biológicos o bióticos.

Factores fisicoquímicos

El Clima, determinado principalmente por: la precipitación (lluvia, granizo, nieve y niebla), y la temperatura. Otros factores importantes son: la luz, el viento y la atmósfera, el suelo (incluyendo al sustrato geológico), el fuego, la gravedad, la topografía, latitud, y longitud, y presión atmosférica.

Temperatura y Clasificación Climática del mundo

Uno de los primeros intentos de clasificación climática se realizó por el erudito griego Aristóteles (384-322 a.n.e.). Su hipótesis fue que la tierra se dividía en tres tipos de zonas climáticas, cada una de ellas caracterizada por su distancia desde el Ecuador. Aunque en realidad, sabemos que su teoría fue extremadamente simplista, lamentablemente persiste en nuestros días. Dicho autor basado en la consideración de que el área cerca del Ecuador era demasiado caliente para ser habitada, denominó como "la región tórrida" al territorio comprendido entre el Trópico de Cáncer en 23,5° Norte, pasando sobre el Ecuador, latitud 0°, hasta el Trópico de Capricornio 23.5° Sur (véase figura 1.7).

A pesar de sus creencias, grandes civilizaciones florecieron —y sobreviven— en la zona tórrida, en América Latina, India y el sudeste de Asia.

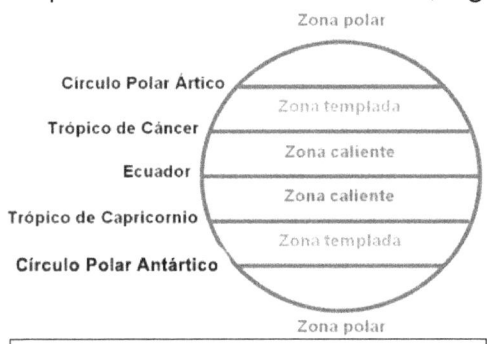

Figura 1.7. Clasificación climática del mundo (Rosenberg, 1999).

De igual modo, Aristóteles razonó que las zonas al norte del círculo polar ártico (66,5° Norte) y al sur del círculo polar Antártico (66,5° Sur) permanecían permanentemente congeladas, y calificó como inhabitable a la "zona fría o polar". Ahora sabemos que las áreas al norte del círculo polar ártico son de hecho habitables. Por ejemplo, la ciudad de Asia más grande del mundo al norte del círculo Ártico, es Múrmansk (Rusia), y es el hogar de casi medio millón de personas, que debido a los meses de falta de luz solar viven bajo luz artificial, pero sin embargo, la ciudad se encuentra realmente en la zona fría o polar.

La única área que Aristóteles creía apropiada como vivienda y capaz de soportar el florecimiento de la civilización humana fue la "zona templada". Las dos zonas templadas sugeridas se encuentran entre los trópicos y los círculos ártico y antártico. Su creencia de que la zona templada fuera probablemente la más habitable proviene del hecho de que es la región donde vivió.

Clasificación climática de Köppen

Desde el tiempo aristotélico, otros autores han intentado clasificar las regiones de la tierra sobre base climática. La clasificación más exitosa fue probablemente el sistema desarrollado por el climatólogo y botánico amateur alemán Wladimir Köppen en colaboración con su alumno Rudolph Geiger y presentado como un mapa mural en 1928.
Ellos asignaron letras mayúsculas para designar las zonas terrestres, de la siguiente manera:
La letra **A** equivale a tropical, tropical lluviosa.
La letra **B** = clima subtropical, seco, mientras que, la letra **C** representa a la zona templada; la **D** = frío, nevado, o boreal.
El carácter **E** incluye a los polos o sitios nevados, y por

último, la grafía **F** equivale a hielo permanente. Los criterios para definir las zonas climáticas son las mediciones de temperatura y precipitación (Sachs, 2000).

Esos grupos se subdividen en función del régimen de lluvias y temperaturas ambientales y también son denominados con letras, usando de esta manera, letras minúsculas, las que junto con las mayúsculas especifican la variedad climática de un área determinada dentro de cada categoría principal. Así, por ejemplo, un clima de tipo "Csa" significa un ambiente templado con veranos secos y calurosos y secos inviernos, también conocido como "clima mediterráneo".
El Sistema de clasificación de categorías múltiples de Köppen ha sido ligeramente modificado desde su última presentación en 1936, pero es todavía el más frecuentemente utilizado y aceptado hasta la fecha, como el mapa autorizado de los climas del mundo (Rosenberg, 1999, 2005).

Las regiones con mayor temperatura de la tierra se encuentran en el Ecuador, porque allí llegan con mayor frecuencia los rayos solares en sentido vertical con respecto al planeta, y a medida que se aleja de él, en dirección de cualquiera de los dos polos, el clima se hace más frío, puesto que los rayos del sol llegan en dirección más oblicua. La intensidad luminosa recibida es menor por unidad de superficie.

"Los tres factores más importantes que rigen la variación geográfica en la temperatura son: La latitud, la altitud y la distancia de la influencia de las grandes extensiones de agua" (Daubenmire, 1996).

Luz

La fuente de energía para los ecosistemas en la naturaleza es la luz que proviene del sol, pero sólo la del espectro visible (380 a 750 milimicras o mμ; o sea desde el violeta hasta el rojo) es aprovechable por las plantas, los picos de mayor absorción están en la región del azul y rojo. La luz es transformada en otro tipo de energía (química), por los vegetales fotosintetizadores gracias a la función conocida con el nombre de fotosíntesis[2].

La evolución vegetal ha permitido la diferenciación de especies y aún la creación de variedades de plantas que pueden sobrevivir directamente bajo los rayos del sol (plantas heliófilas o heliófitas), hasta las que se conforman con poca intensidad luminosa y que comúnmente conocemos como plantas de sombra o con su denominación técnica de plantas umbrofitas o esciófitas.

Algunas heliófitas, tienen especies que, aunque se desarrollan mejor bajo el sol, pueden crecer bien a la sombra, a estas plantas se les denomina esciófitas facultativas, mientras que por el contrario aquellas plantas de sol que no pueden hacerlo, son denominadas como heliófitas obligadas. Por otra parte, la tolerancia a la sombra es un factor importante en la competencia particularmente para plántulas y plantas en desarrollo. Para evitar la sombra, la planta debe crecer con mayor rapidez y sobrepasar a los competidores que producen sombra. La respuesta para favorecer el crecimiento está

---

[2] Antes conocida como función clorofiliana.

dada por hormonas (auxinas como el ácido indolacético) que incrementan la longitud del tallo, o una mayor interceptación de luz, mediante el movimiento u orientación de las hojas, lo que se conoce como fototropismo positivo, el que se puede lograr gracias a la acción de los fotorreceptores que perciben la iluminación y a las proteínas que poseen (fototropinas). El diferente modo de activación las auxinas determinará el crecimiento de la planta y su variación según la incidencia de la luz. Charles Darwin estudió el movimiento de los *coleóptilos*[3] de una gramínea, los que se volteaban fuertemente hacia la fuente luminosa, y lo publicó en 1880 en su libro *The Power of Movement in Plants* (Cronquist, 1969).

De otra manera, la luz interviene también en otros procesos de la vida de las plantas, por ejemplo, en la germinación de las semillas de algunas especies, la presencia y cantidad de luz y determinados colores, como el rojo, la influyen positivamente, mientras que otras pueden germinar en ausencia total de luz, algunas semillas sólo lo hacen en la oscuridad (Waizel, 1970).

La cantidad de luz al día (fotoperiodo), influye favorablemente en la floración y en el carácter de anual o bianual de una especie, por lo que se puede hacer a este respecto, una clasificación de plantas de días largos y plantas de días cortos. Determinadas especies pueden florecer sólo cuando los periodos de luz sobrepasan cierto valor crítico, a estas se les conoce como plantas de días largos (como las lechugas, trébol, papas y numerosos

---

[3] El coleóptilo es el brote apical de una plántula de gramínea.

cereales), ellas producen botones florales cuando la longitud del día oscila entre las 12 y las 14 horas. Por el contrario, las de día corto, solo producen flores cuando los periodos de luz están por debajo de un cierto valor crítico que oscila generalmente alrededor de 12 a 14 horas (florecen por lo general en el otoño o la primavera, como los crisantemos, las violetas y la flor de nochebuena).

Existen además las plantas de día neutro que florecen independientemente del fotoperiodo (Cronquist, 1969; Raven, 1992). Aunque en el Ecuador tanto el día como la noche tienen la misma duración, a lo largo de todos los meses del año, pero, a una latitud ligeramente mayor, las plantas han desarrollado gran sensibilidad a la pequeña variación anual.

Por otra parte, este factor, también controla la apertura y el cierre de los estomas de las hojas, los que se abren a la luz y cierran en la oscuridad. Los estomas o sistemas de pequeños poros, dispuestos fundamentalmente en el envés de las hojas, son los responsables del intercambio de gases (CO_2, O_2, y vapor de agua), entre la planta y el exterior.

La falta de luz durante el desarrollo de las plántulas les produce etiolación o una característica ahilación, es decir, que la falta de clorofila, les provoca, tallos débiles, delgados alargados, y de color amarillo. Por lo que, en resumen, no es sólo la presencia, sino la calidad, cantidad y periodicidad de este factor, lo que influye en el desarrollo de cualquier especie.

Atmósfera y la presión atmosférica

Atmósfera es la mezcla de gases comúnmente conocida como aire y que envuelve al planeta que habitamos, término que proviene del griego: *athmos*, vapor y *sphaira*, esfera. Tiene la forma de un esferoide más aplastado aún por los polos que la esfera terrestre, y se encuentra en movimiento constante, por lo que varía de un día para otro y según el lugar. Alcanza entre los ocho mil y los diez mil metros de altitud. Tiene un peso determinado (1 litro tiene una densidad de mil 293 gramos, al nivel del mar), y ejerce en la superficie terrestre, una presión variable sobre todos los cuerpos, conocida como presión atmosférica.

Los gases que se encuentran en la atmósfera que tienen especial influencia sobre los seres vivos y citados por el porcentaje en el que se encuentran son: el nitrógeno (78-79 por ciento), el oxígeno (20,95%), el bióxido de carbono (0,04-0,90%), el vapor de agua, se encuentra en cantidades variables según las condiciones meteorológicas y la localidad, aunque generalmente es de 1 a 2 por ciento. Además, se encuentran los denominados gases nobles: argón, helio, hidrógeno, neón, criptón, xenón y radón formando en total el 1 por ciento.

Nitrógeno: Entra en la composición de todos los aminoácidos y por lo tanto, de las proteínas celulares, lo que lo hace indispensable para todos los seres vivos. Es tomado por los vegetales principalmente en forma de compuestos (nitratos, nitritos y amoniaco)[4], aunque este elemento es fijado de la atmósfera por algunas bacterias (*Rhizobium leguminosarum*), que viven en simbiosis[5] en las raíces de numerosas plantas superiores (fundamentalmente de la familia de las Leguminosas como el "frijol, chícharo, alfalfa" y "soya", entre otras), en donde forman nódulos visibles a simple vista. También algunas algas verdiazules o cianofíceas como las de los géneros: *Nostoc* sp. y *Anabaena* sp., son capaces de fijar el nitrógeno atmosférico en el medio acuático, y convertirlo en nitratos asimilables por las plantas.

Oxígeno: Es un elemento indispensable tan indispensable como el nitrógeno, ya que junto con el carbono, y el hidrógeno, entran en la composición de los azúcares y los lípidos, los que aunados a las proteínas, forman la materia elemental de la que están compuestos los seres vivos: el protoplasma. Además, tanto las plantas como los animales lo requieren como aceptor final de los electrones (H^+) en la respiración aerobia. En ésta, los alimentos, son transformados por la célula, en otras formas útiles de energía, como el trifosfato de adenosina (ATP).

Bióxido de Carbono: El CO_2 es un gas incoloro e inodoro que representa la fuente principal del carbono para los seres vivos. Se encuentra libre en la atmósfera, de donde lo toman las plantas terrestres, mientras que las

---

[4]Véase este elemento en el capítulo "suelo".
[5] Se denomina simbiosis a la asociación entre dos tipos diferentes de organismos, que pasan la mayor parte o toda su vida en íntima asociación proporcionándose beneficios mutuos.

plantas acuáticas, lo asimilan a partir del que se encuentra disuelto en el agua, o en forma de bicarbonatos. El CO_2 es devuelto a la atmósfera como resultado de la respiración, la fermentación y la putrefacción llevada a cabo por diferentes seres vivos, a los que se añade, el que procede de la combustión, reiniciándose el ciclo nuevamente al ser tomado por los vegetales e incorporado a su materia orgánica, gracias al proceso denominado fotosíntesis.

Viento

Cualquier corriente de aire que se desplace con una dirección determinada, se denomina viento, el que es un factor muy importante para la polinización cruzada de muchas plantas, como las anemófilas entre las que podemos mencionar las coníferas (pinos, oyameles, cedros blancos, ahuehuetes, etcétera), los encinos, los nogales, y numerosas gramíneas como el maíz.

El viento también actúa como agente dispersor de esporas, frutos y semillas, hasta sitios muy alejados de donde fueron originados, como en el caso de las anemócoras: las orquídeas, el algodón, el sauce, el álamo, el arce, el olmo, el fresno, y las coníferas, también hierbas como: la margarita, manzanilla, y el diente de león, entre otras, además de los vegetales que en conjunto, presentan adaptaciones como pelos, vilanos y alas, que facilitan su transporte por este agente.

Este factor ambiental modifica la temperatura y la humedad ambiental. Desde el momento en que la velocidad del viento aumenta con la altura sobre la superficie del suelo, los árboles sufren, muy especialmente, sus efectos de desecación, siendo las plantas de baja estatura las menos afectadas. Por otra parte, la forma de muchos árboles se debe al efecto mecánico del viento (véase figura 1.8.).

Fig. 1.8. Efecto mecánico del viento.
(Foto: Logga Wiggleer en: Pixabav. com).

El viento es un fuerte agente que ocasiona la erosión de las rocas y los suelos. El polvo, la nieve, y el granizo que arrastra ejercen una acción corrosiva sobre la vegetación, desgastando la corteza de árboles y arbustos. La superficie de campos enteros puede ser succionada por él y el suelo ser depositado sobre otros campos, a lo que se conoce como suelo transportado. Hasta los suelos pesados (arcillosos) pueden ser aflojados y transportados. Este factor puede hacer mucho daño arrastrando las flores y los frutos de plantas y hierbas, también puede impedir que los insectos aniden entre las flores, y que las visiten los polinizadores.

Además, los fuertes vientos que se presentan cíclicamente y que son denominados vendavales, o huracanes o comúnmente "nortes", y que golpean las regiones costeras de México, derriban lo que está a su alcance y deforestan las selvas, o bosques o las plantas cultivadas. Por otro lado, estos vientos (con gran cantidad de humedad) que se originan en los océanos, al entrar en el continente, y chocar con los macizos montañosos: Sierra Madre Oriental y Occidental respectivamente, precipitan en forma de lluvia, la humedad que acarreaban, dejando favorablemente un gran aporte de agua en el suelo. La influencia benéfica de estas corrientes húmedas, si son constantes, pueden permitir el desarrollo de vegetación mesófita, en áreas donde en otra forma crecería vegetación desértica (Weaver y Clements, 1951).

Fuego

Fig. 1.9. *Pinus contorta* var. *latifolia*.

Este factor o agente ambiental, se presenta en la naturaleza en forma provocada o espontánea, en ésta última, en ocasiones periódicas, como resultado de la acción electrostática debida a la fricción sobre vegetación seca, o con motivo de la caída de rayos sobre árboles (vivos o muertos). La quema de la cubierta vegetal, altera a casi todos los aspectos del medio. El efecto inmediato es el daño a las plantas al exponerlas a temperaturas letales, y la muerte de las leñosas. El humus se reduce a cenizas, con lo que se pierden muchas de las propiedades benéficas que le proporcionaba al suelo, como su capacidad de retener humedad y la de permitir la lenta liberación y devolución de nutrimentos al mismo.

Existen muchas especies e incluso ecosistemas ya adaptados a los incendios, como el caso de algunos pinos de las montañas Rocallosas en el oeste de los Estados Unidos de América, por ejemplo: *Pinus contorta* var. *latifolia*, cuyos frutos son de tipo de conos serotinos, (véase figura 1.9), permanecen sin abrirse muchos años sobre el árbol, no se queman fácilmente, pero el calor del fuego hace que se abran. Las semillas así liberadas en el suelo desnudo después del fuego, encuentran condiciones ideales para su germinación y crecimiento, debido al efecto escarificante del fuego, y se establece un nuevo bosque de la especie (Cronquist, 1969).

Little (1953) en Obieta y Sarukhán (1981), refiere que los fuegos continuos pueden ser la causa de la desaparición de una especie, ya que pueden impedir la producción de semillas para su perpetuación, y se promueve la aparición de renuevos de plantas leñosas y herbáceas.

Algunas especies de plantas leñosas con usos medicinales de los géneros: *Acacia, Arctostaphylos, Ceanothus* y *Rhus*, producen gran cantidad de semillas con cubierta dura las cuales permanecen en vida latente en el suelo hasta que se quema la vegetación en la que se hallan (Daubenmire, 1996).

En las regiones selváticas de México la ancestral

práctica de "roza, tumba y quema" implica un deterioro a los ecosistemas, propiciando la aparición de lo que se denomina vegetación o sucesión secundaria o "acahual" y la desaparición de muchas especies con la substitución por otras. En la mayoría de los casos ese cambio de uso del suelo fue para dedicarlo a la agricultura o a la ganadería.

Gravedad

Este factor físico, provoca en las plantas movimientos de crecimiento, denominados paratónicos, por deberse, en este caso, a un agente externo. Estos movimientos se clasifican en: tropismos y nastias. Los tropismos son respuestas de la planta a estímulos que vienen principal o totalmente de una dirección. Pueden ser positivos, negativos o laterales. La respuesta a la gravedad, se denomina geotropismo (gravitropismo), y será positiva para la raíz primaria, la que crece en dirección a la gravedad, mientras que para el caso del tallo, será negativa. Los rizomas rastreros presentan geotropismo lateral, en ángulo recto a la gravedad (diageotropismo). El ácido abscísico que es una hormona producida por las células de la caliptra (capa de células de la superficie de la punta de la raíz, que le sirve de protección durante su crecimiento) de la raíz, está involucrado en la respuesta de las raíces a la gravedad.

Topografía

El término topografía procede del griego: *topos*, lugar y *graphein*, describir, "es la ciencia que estudia el conjunto de procedimientos para determinar las posiciones de puntos sobre la superficie terrestre, por medio de medidas según los tres elementos del espacio" (Montes de Oca, 1989); o el arte de representar gráficamente un lugar sobre el papel. Pero, también se refiere al conjunto de particularidades que tiene un terreno en su relieve, el cual es del mismo modo un factor fisiográfico del medio, (del griego: *physis*, naturaleza, y *graphein*, describir).

La geomorfología, describe el paisaje desde el punto de vista de las formas del relieve, como resultado de su evolución en el pasado, por ejemplo, son términos geomorfológicos: acantilado, bajada, bajío, banco, cañada, cañón, cerro, cordillera, duna, fosa, garganta, loma, lomerío, llanura, lecho, losa, litoral, mal país, montaña, pedregal, *uadi*, valle, etcétera (Soto, 1965).

Regiones fisiográficas de México.

El Instituto Nacional de Estadística, Geografía e Informática (INEGI) dividió a México en 1991 en quince regiones fisiográficas (mapa 1) a las que define como "región de un mismo origen geológico con paisajes y tipos de rocas semejantes en la mayor parte de su extensión", las que son:

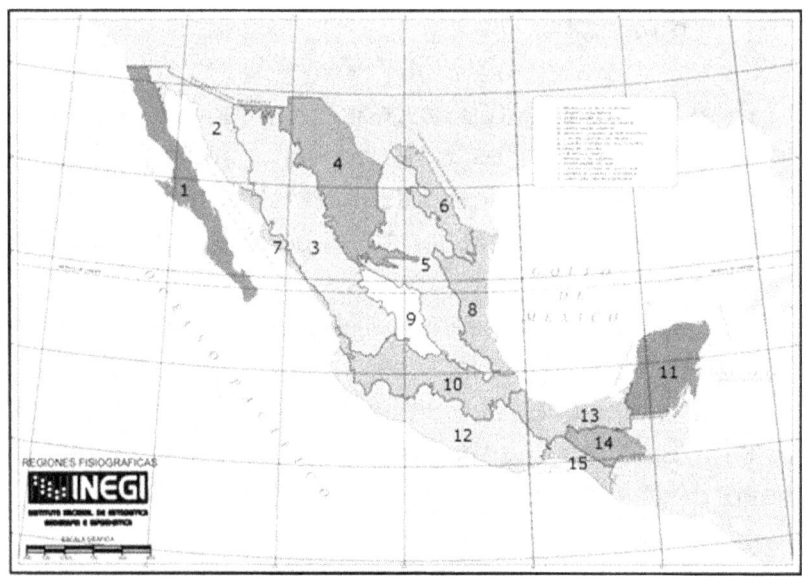

Mapa. 1. Regiones fisiográficas de México. Fuente: INEGI (1991).

1) Península de Baja California
2) Llanura Sonorense
3) Sierra Madre Occidental
4) Sierras y Llanuras del Norte
5) Sierra Madre Oriental
6) Grandes Llanuras de Norteamérica
7) Llanura Costera del Pacífico
8) Llanura Costera del Golfo Norte
9) Mesa del Centro
10) Eje Neovolcánico
11) Península de Yucatán
12) Sierra Madre del Sur
13) Llanura Costera del Golfo Sur
14) Sierras de Chiapas y Guatemala
15) Cordillera Centroamericana
(Fuente: INEGI, 1991).

A su vez, el relieve provoca la formación de diferentes

microclimas en una región, como por ejemplo los debidos a la exposición; es decir, la posición de la ladera de una montaña con respecto al sol, que afecta a su humedad, mediante la acción del viento y del sol.

Las laderas expuestas durante más tiempo a los rayos solares reciben mayor cantidad de calor, en consecuencia, las laderas que se muestran hacia el Ecuador tienen normalmente menor humedad, que las expuestas hacia los polos, con la consiguiente variación en el tipo de vegetación.

En las laderas expuestas hacia el polo y muy inclinadas, la luz del sol directa se elimina completamente al medio día, quedando sólo a disposición de las plantas, la luz del cielo, la cual equivale a sólo el 17 por ciento de la luz recibida por una superficie expuesta a una iluminación directa total. Para obtener al máximo posible la luz solar, las plantas deberán crecer donde ni la topografía, ni otras características de sus alrededores, estén cercanas o sean tan elevadas como para interferir con la luz del cielo en ninguna dirección.

Diferencias en el relieve de un lugar, pueden a su vez permitir la exposición (o protección) a los vientos dominantes en una región, con su consecuente influencia benéfica o perjudicial (según el caso), para las plantas.

Pendiente.

Otro factor topográfico es la inclinación o pendiente de la superficie, la que a su vez repercute en el tipo y profundidad del suelo, y en el drenaje o velocidad de escurrimiento (y filtración) del agua, factores de suma importancia en el desarrollo, establecimiento y sobrevivencia de la comunidad, ya que, pendientes muy inclinadas o pronunciadas (escarpadas), como los relieves escarpados de las montañas, propician la fácil y rápida erosión del suelo por acción del agua, con su correspondiente pérdida como soporte y nutriente de la cubierta vegetal.

Las pendientes expresan con particular importancia la diversa y gran heterogeneidad ambiental del territorio mexicano. Menos del 18 por ciento del cual tiene pendientes menores de 5 por ciento, mientras que más del 47 por ciento tiene pendientes mayores del 27 por ciento. Dos terceras partes de su territorio se encuentran por encima de los 2 mil 300 metros sobre el nivel del mar, ligeramente por encima de los promedios de altitud continental y mundial. Las ocho principales cumbres de México van de los 4 mil 128, a los 5 mil 610 metros sobre el nivel del mar y se encuentran en el eje neovolcánico transversal que cruza el país de este a oeste.

Altitud

El término altitud se refiere a la altura sobre el nivel del mar de un lugar. Es un factor que implica en los vegetales fuertes efectos y origina tensiones, en virtud de las condiciones climáticas que se presentan a elevaciones considerables sobre el nivel del mar. La radiación luminosa es mayor a altitudes elevadas, y cuando ella es directa, puede ser intensa; sin embargo, cuando la radiación es difusa es mucho mayor su efecto debido a la delgadez de la cubierta de las nubes.

La temperatura promedio baja de 5 a 6° C por cada mil metros que se asciende. El viento y la sequía también ejercen una fuerte tensión sobre las plantas, por lo que la mayoría de las plantas que habitan a grandes alturas posee hojas característicamente xerofíticas, es decir, similares a las que habitan en las zonas áridas o semiáridas.

El tipo de vegetación y las comunidades que forman son tanto más densas, cuanto las condiciones de luz, humedad y temperatura son más favorables. En las zonas tropicales húmedas, se encuentra la biocenosis (ecosistema, o bioma) con mayor densidad de las que existen en los continentes: la selva siempre verde (perennifolia). En regiones de temperaturas más bajas, a medida que se avanza en latitud hacia los polos o en altitud hacia las altas montañas, la selva perennifolia da paso al bosque de transición, casi siempre de hojas planas y caedizas o

Figura 1.10. *Liquidambar* sp. (Foto: Carlos Galindo Leal / Banco de imágenes Conabio).

caducifolio, como lo es el bosque de *Liquidambar* spp. (Véase figura 1.10).

Si se continua ascendiendo, se encuentra el bosque de coníferas, o los bosques mixtos (pinos-encinos), entre los mil 200 y los 2 mil 700 metros sobre el nivel del mar, para encontrar en altitudes de entre los 2 mil y los 3 mil 500 metros sobre el nivel del mar, los bosques de pinos y oyameles (*Abies religiosa*), en las altas y frías montañas de México, semejantes a la taiga (véase figura 1.11).

Fig. 1.11. *Abies religiosa*. (Foto: Jersy Rzedowsi Rotter. / Banco de imágenes Conabio).

A mayor altitud y también en los lugares con cercanía a los polos, los árboles escasean (y son de baja estatura) o generalmente faltan, y la vegetación dominante está generalmente constituida por musgos, líquenes, pastos y otras hierbas los que conforman la tundra.

Latitud y longitud

La latitud es la distancia (medida en grados, minutos y segundos) de un lugar determinado al Ecuador de la Tierra (cuya latitud es cero), por lo que, el lugar puede encontrarse en la Latitud Norte (como es el caso de México, cuyo territorio continental, se extiende entre los paralelos 14° 32' 45", en la desembocadura del río Suchiate y el paralelo 32° 43´ 5" que pasa por la confluencia del río Gila con el Colorado), mientras que, por ejemplo, la república de Argentina que se localiza en el hemisferio sur, su latitud es sur.

Nuestro país es atravesado por el Trópico de Cáncer, el que es, el paralelo de latitud 23° 27' N.

Por otro lado, la longitud, es la distancia (medida en grados, minutos y segundos) de un lugar al primer meridiano o meridiano principal (Greenwich, Inglaterra). "El meridiano oriental extremo que toca al país es el de 86° 46' W (correspondiente a la punta sur de la Isla Mujeres), mientras que la parte continental es 86° 44' en Punta Cancún. La parte continental tiene como máxima longitud la correspondiente al meridiano 117° 08' W de Greenwich; pero el jirón occidental más distante está constituido por la Isla de Guadalupe con 118° 20' W de longitud" (Tamayo, 1996).

Efectos de la latitud y longitud

La estación del crecimiento de las plantas es progresivamente más breve, y la luz más débil, en dirección a los polos, pero esto se compensa en demasía por la creciente duración de los días en el verano. A bajas latitudes, la alta temperatura disminuye la efectividad de la luz más brillante durante un día de verano, mientras que a altas latitudes, la asimilación realizada durante un día de la misma estación, excede a la del mismo período en condiciones de baja altitud. Esto representa beneficios para la agricultura en las regiones árticas, con plantas que requieren de períodos cortos de crecimiento y requieren o toleran bien, los días largos.

FACTORES BIOLÓGICOS

Plantas y animales

Dentro del ecosistema, encontramos diferentes seres vivos que desempeñan distintas funciones:

1. Las plantas verdes (fotosintetizadoras), que se encuentran constituyendo la base de la pirámide alimenticia, son denominadas productores.

2. Los animales son los consumidores, y pueden ser de diferentes niveles, los hay primarios (herbívoros), secundarios (carnívoros), terciarios (carnívoros de mayor tamaño), hasta llegar al hombre, o a los grandes carnívoros, en la cúspide de la pirámide alimenticia.

3. Las bacterias y los hongos son los principales desintegradores, descomponedores, saprófitos, o detrívoros, ya que al alimentarse del material orgánico de los restos o detritus, tanto de animales como de vegetales, lo convierten en humus y reciclan sus componentes al

medio, simplificando dicho material complejo hasta sencillos compuestos inorgánicos, que son absorbidos por las raíces de las plantas, o devueltos a la atmósfera, como el CO_2. Las plantas comienzan de esa manera de nuevo el ciclo, también conocido como cadena alimenticia.

4. Por otro lado, a cualquier nivel de la cadena, pueden actuar organismos que viven a expensas de otros, y que pueden causarles daño o hasta la muerte, son los parásitos (véase figura 1.12, donde se aprecia a varios Individuos del hongo *Fomes fomentarius* parasitando a un árbol en bosque templado).

Fig. 1.12 Hongo (*Fomes fomentarius*) parasitando a un árbol. (Foto: Snezana Trifunovic. Dominio público).

FACTORES LIMITANTES

Ley de los mínimos o ley de Liebig

Aunque se le suele atribuir a Justus Von Liebig la Ley de los factores limitantes, o Ley de los mínimos, ésta fue propuesta por el botánico Karl Sprengel en 1828, y fue popularizada por el primero, la cual expresa lo siguiente: "Esencialmente el crecimiento definitivo de un organismo depende de la cantidad de nutrimento disponible para él en cantidad mínima", y que "la intensidad del crecimiento de todo organismo depende de la presencia, en cantidades mínimas, de los elementos nutritivos esenciales. Sólo es estrictamente aplicable en condiciones de estado constante, cuando el ingreso de energía y materiales es igual al egreso. Además, puede haber interacciones entre factores, de tal modo que una concentración muy elevada de un nutriente puede alterar el índice de utilización de otro y, por tanto, alterar la cantidad mínima efectiva requerida". La ley puede ampliarse para incluir factores no alimenticios (Villee, 1988).

De acuerdo con la Ley de tolerancia de Shelford, una sobredosis de algún factor que se requiera en forma normal, puede actuar de igual modo que su escasez y limitar el crecimiento, así como la distribución de cada especie. Esta última es determinada por sus límites de tolerancia a las variaciones en cada uno de los factores ambientales (Bidwell, 1979; Villee, *op. cit.*).

En otras palabras, demasiado o poco de un sólo factor abiótico, puede limitar o inhibir el crecimiento y desarrollo de una especie, no obstante que los demás factores le sean favorables, o estén en cantidades óptimas (Serrano y Díaz, 1990).

Mientras, Daubenmire (1996) opina que: "los requerimientos de la planta se extienden en todas direcciones hasta que algún aspecto nocivo del medio ambiente impide la terminación del ciclo de vida, ya sea por medios vegetativos o sexuales. A medida que uno de los factores del ambiente se aproxima al límite extremo de tolerancia, el bienestar de la planta depende estrechamente de esta condición y se emplea el término factor limitante".

Hábitat y nicho ecológico

El lugar o sitio determinado donde habita o se desarrolla una especie en particular, se denomina hábitat y abarca el área física donde se encuentra; mientras que el nicho ecológico, es en opinión de Grinnell (en: Martínez, 1979), la función, posición o papel que desarrolla un organismo dentro de una comunidad o ecosistema. Elton (en: Martínez, *op. cit.*), amplia la definición de nicho ecológico, diciendo: "la posición en el medio ambiente biótico y su relación con el alimento y enemigos", ejemplos para ilustrar dicho concepto son: El de productor que desempeña un vegetal fotosintetizador, y el consumidor primario, que realiza un herbívoro.

Relaciones inter e intraespecíficas

Dentro de una comunidad se llevan al cabo diferentes acciones entre los individuos de las diversas poblaciones que la conforman, las que de ese modo se relacionan entre sí, acciones a las que se conoce como relaciones interespecíficas, las que se dividieron por algunos autores para facilidad en su estudio, en dos grupos:

1) Las relaciones de colaboración (o armónicas), y 2) las antagónicas.

Las primeras pueden ser de diferentes tipos, por ejemplo: el mutualismo, y el comensalismo. En el caso de ésta última, un miembro de la sociedad se beneficia con ella, mientras que el otro no resulta afectado, ni es beneficiado. Esto sucede, por ejemplo, entre el pez rémora y el tiburón.

El mutualismo ocurre cuando se asocian dos seres de diferentes especies y aún de grupos muy distantes, para vivir en forma estrecha y proporcionarse beneficios mutuos. Según Villee (1988), las especies así asociadas no pueden vivir separadamente, ya que si lo pueden hacer, entonces la unión se llama protocooperación.

Se consideran diferentes grados de mutualismo, ya que en algunos casos, la relación es más estrecha que en otros, (y entonces algunos autores la denominan como simbiosis, del griego: *syn,* juntos, y *bios*, vida), por ejemplo, un organismo puede vivir dentro del otro, o estar en contacto temporal o vivir cercana o próximamente. Aunque es conveniente aclarar ahora, que ningún organismo puede sobrevivir en ningún ambiente donde no haya influencia de otros seres.

Ejemplos de mutualismo dentro del reino vegetal, son los líquenes, constituidos por la asociación íntima entre

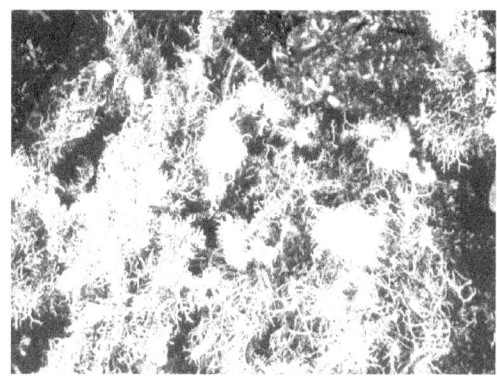

Fig. 1.13. *Usnea florida*. Líquen fruticuloso. (Foto: M. Ruíz Oronoz).

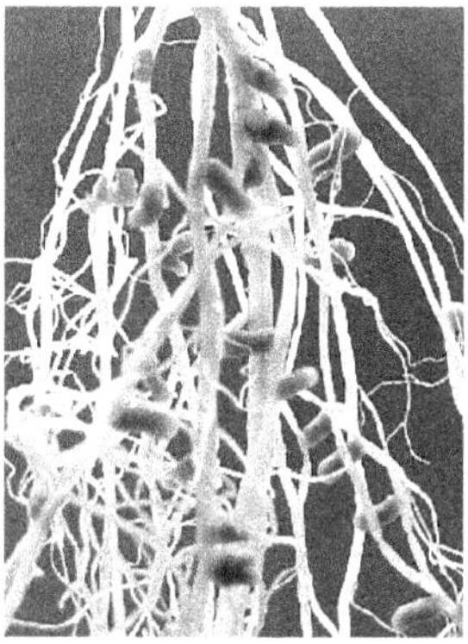

Fig. 1.14. Nódulos de bacterias nitrificantes. c

algas (cianofíceas) y hongos de los grupos Ascomicetos o Basidiomicetos (véase figura 1.13.), la que se lleva a cabo entre las bacterias nitrificantes (*Rhizobium* spp.) y las raíces de plantas superiores, como las Leguminosas (véase figura 1.14.).

También se han encontrado algas verdiazules asociadas a las raíces y otros órganos de plantas con flor, apreciándose que las algas también pueden fijar el nitrógeno atmosférico, por último, se menciona la asociación que se lleva a cabo entre algunos hongos (que pueden ser de diferentes grupos (Phycomicetos, Ascomicetos o Basidiomicetos) y las raíces de casi la mayoría de las plantas (salvo algunas excepciones), donde de esa manera, se constituyen las denominadas micorrizas, las que pueden ser de dos diferentes tipos: ecto o endomicorrizas (véase Figura 1.15.).

Fig. 1.15. Micorrizas. (Foto: Backpakerin en Pixabay).

Estas asociaciones incrementan la toma de nutrimentos y de agua por las plantas, sobre todo incrementan el transporte activo hacia la planta de iones poco móviles como el fósforo, por lo tanto estimulan considerablemente el crecimiento de las mismas. Este incremento se lleva a cabo ya que las hifas de los hongos se extienden enormemente alrededor de la raíz formando una amplia área de absorción (Valdés, 1989).

Las micorrizas se han estudiado con mayor profundidad en las que se forman en los casos de: los pinos, las orquídeas y las Ericáceas (por ejemplo, el caso de los "madroños y las pingüicas").

Por otro lado, entre las relaciones antagónicas o también denominadas interacciones negativas, encontramos al amensalismo (antibiosis), la alelopatía, la depredación (en el caso de los herbívoros), y el parasitismo.

Si una especie de la dos que conviven juntas resulta perjudicada por la otra, la relación se denomina amensalismo, por ejemplo en la antibiosis, la que ocurre cuando un organismo (generalmente microscópico), produce substancias que se denominan antibióticos, las que inhiben el crecimiento o la reproducción de otros microorganismos o pueden también llegar a ocasionarles la muerte.

Se conoce como alelopatía, al efecto perjudicial o benéfico de la acción de compuestos químicos liberados al medio ambiente por una planta sobre otra planta, o sobre otro organismo diferente a ella (Sampietro, 2010), el término fue propuesto en 1937, por el fisiólogo Molish. Esta definición la amplió la bióloga E. L. Rice, en 1984, a: "todo efecto directo o indirecto, positivo o negativo, de una planta sobre otra (incluidos los microorganismos), ejercidos de manera indirecta por compuestos bioquímicos liberados en el ambiente" (Martínez, 1996).

La producción, por algunas plantas superiores de determinadas substancias, (que pueden ser del tipo de: los aldehídos, las antocianinas y cumarinas, los fenoles y flavonoles, los glucósidos, o de los taninos y

Figura 1.16. *Larrea tridentata*. (Foto: Jersy Rzedowski Rotter / Banco imágenes Conabio).

terpenos), limitan o inhiben tanto la germinación de las semillas como el crecimiento de miembros de su misma especie o también de otras. Por ejemplo los arbustos de la planta denominada *Larrea tridentata* conocida en las zonas áridas del Norte de nuestra república como "gobernadora", (véase figura 1.16.), elaboran substancias tóxicas (como el ácido nor-dehidroguayacólico) que matan a los retoños de su misma especie que germinan en sus alrededores, de allí la separación que existe entre los arbustos. También habitante de la misma zona semidesértica, la "flor de rocío", *Encelia farinosa* perteneciente a la familia Asteraceae (Compositae), inhibe el crecimiento de las plántulas de su misma especie, al igual que lo hacen, los "nogales negros", *Juglans nigra*, los que, además limitan el desarrollo de otras plantas, con las substancias que llegan al suelo, después de que las gotas de la lluvia, estuvieron en contacto con sus hojas, fenómeno similar ocurre con los eucaliptos.

Plantas que inhiben a otros vegetales, son por ejemplo: algunas especies de *Artemisia* ("ajenjo, estafiate", véase figura 1. 17), mientras que las hojas de *Salvia* spp. ("mirto"), liberan al aire terpenos olorosos que impiden el crecimiento de otras plantas.

Fig. 1.17. *Artemisia absinthium* (Foto: José Waizel Bucay).

De igual manera, las raíces vivas de algunas especies,

elaboran substancias tóxicas para otras especies, pero ello, ha sido muy difícil de demostrar, ya que ellas pueden deberse a la descomposición de los materiales orgánicos por acción microbiana. Pero, independientemente de que sean el resultado de secreción o descomposición, los órganos subterráneos de *Helianthus rigidus*, producen toxinas muy efectivas, cuyos efectos se observan en el campo a simple vista, como los llamados anillos de fuego, y también en otras plantas con flor y en algunos hongos. En pastos como *Muhlenbergia torreyi*, se aprecia que la reproducción vegetativa de la planta ocasiona la dispersión del clon en forma centrífuga, a medida que los brotes del centro se van muriendo.

Depredación

Aunque en el sentido estricto de la palabra depredación, ésta no ocurre entre diferentes individuos o especies del reino vegetal, pero sí se lleva a cabo la relación depredador-presa, entre representantes del reino animal con las plantas. Los animales mediante la ingesta de vegetales obtienen su alimento, que consiste en materiales orgánicos (que ellos no pueden sintetizar a partir del CO_2 y del agua y la luz), y en algunos casos, adquieren de ellas también nutrimentos minerales y agua. Entre los principales ejemplos de depredación se encuentran entre otros: numerosos invertebrados, como: los moluscos, algunos insectos, y distintos vertebrados. Esta relación constituye el primer eslabón de la cadena, (o el segundo peldaño de la pirámide de alimentación). A los animales que se alimentan de esa manera se les denomina consumidores primarios o herbívoros, los cuales son ingeridos por otros, denominados consumidores secundarios o carnívoros, y así sucesivamente hasta llegar a las grandes aves y los mamíferos, que se encuentran situados en la cúspide de dicha pirámide. Este tipo de nexo limita el número de individuos de las poblaciones y puede considerarse benéfico para ambos, ya que los propágulos sexuales (frutos y semillas) de muchas plantas gracias a que son ingeridos por los animales, son diseminados y arrojados junto con sus excrementos, en ocasiones muy lejos del sitio de origen.

Cuando por cambios en el medio favorables a las plantas, éstas aumentan su crecimiento, o número, entonces se favorece a las poblaciones de herbívoros, los que incrementan sus poblaciones, y son parcialmente ingeridas por los carnívoros, restableciéndose el estado original de clímax, el que es un delicado equilibrio caracterizado por pequeñas fluctuaciones continuas en los números de los individuos de las poblaciones.

Parasitismo

Son numerosas las especies biológicas, que viven a expensas de las plantas, a las que causan directamente o hasta la muerte. Son objeto de estudio de la Fitopatología, su tratamiento en extenso, escapa a los objetivos de este capítulo; aunque brevemente, se referirá que dichos parásitos ocasionan grandes pérdidas económicas a los agricultores, y hasta llegar a ocasionar hambruna a la población, así como, la contaminación del aire, suelo y agua, debido al abuso en el empleo de biocidas que se usan para combatirlos.

Fig. 1.18. Agallas en hojas ocasionadas por ácaros. (Foto: Aung. Dominio público).

Un grupo importante de parásitos vegetales son los ácaros y los insectos, que penetran los tejidos de las plantas para alimentarse de ellos, como los "pulgones" en el rosal, o las avispas (himenópteros-

Fig. 1.19. "roya" en Pelargonium sp.
(Foto: Patricia Dávila Aranda. / Banco de imágenes Conabio).

cinípidos)[6] que atacan las hojas del "encino" (*Quercus* spp.), en donde producen agallas y pueden producir la muerte de las ramas y de los árboles adultos (véase figura 1.18). Las agallas son la respuesta (de tipo tumoral) del vegetal al ataque del parásito, a varios órganos, que puede ser ocasionado también por otros seres como: nematodos, hongos, bacterias, virus, u otras plantas como distintas especies de "muérdagos", de los que se tratará más adelante.

Otro grupo importante de parásitos son los hongos microscópicos que ocasionan las enfermedades conocidas comúnmente en nuestro país como "chahuistles, o chamuscos y royas", (véase figura. 1.19) con la formación de pústulas, formadas en ambos lados de las hojas, mismas que contienen las esporas del parásito, el que puede pertenecer a los géneros: *Fusarium*, *Cercospora*, y *Puccinia*.

---

[6] Véanse los artículos de Pujade, J. *et al.* (2012), en: https://ddd.uab.cat/pub/orsis/orsis_a2012v26/orsis_a2012v26p103.pdf O el de Abner, JCB. 2018; en: https://steemit.com/spanish/@abneagro/los-has-visto-en-tus-plantas-or-los-acaros-y-su-importancia

Otras enfermedades causadas por los hongos en plantas adultas, son: las royas blancas, y los "mildéus", por ejemplo: *Albugo candida,* que parasita a varias especies de Crucíferas, y *Plasmopara viticola*, que ataca a la vid, mientras que *Phytophtora infestans*, ocasiona una de las enfermedades más temidas por los cultivadores de la papa, ocasionando la "podredumbre" o "tizón tardío" de los tubérculos. De igual modo, existen otras enfermedades que son denominadas carbones o tizones, o el "manchado" de las hojas, o frutos, los que en los cereales son principalmente ocasionados por *Ustilago maydis* ("huitlacoche o cuitlacoche", véase la figura 1.20) y en el trigo por el hongo *Tilletia tritici*.

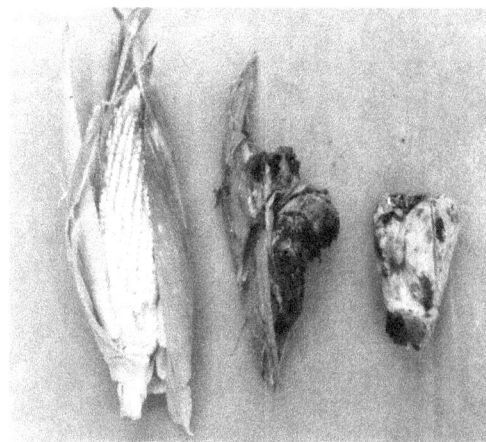

Fig. 1.20. Izq. Fruto sano. Centro y der. Mazorcas de maíz, infestadas por el hongo *Ustilago maydis*. (Foto: Patricia Dávila Aranda. / Banco de imágenes Conabio).

Mientras que a las plántulas, los hongos asociados a algunas especies de bacterias, les ocasionan estrangulamiento a nivel del cuello o nodo vital, en el tallo, y con consecuencia gran mortalidad, patología

Fig. 1.21. Hongo del género *Fomes* sp. parasitando a un árbol. (Foto: Ushi Dugulin en Pixabay.com)

denominada como *damping-off*, mal del semillero o mal de almácigos. Algunas especies de hongos parásitos aislados de huéspedes con dicha enfermedad, son: *Fusarium* spp*.; Rhizoctonia solani*; y diversas especies de los géneros: *Aspergillus, Alternaria, Rhizopus, Trichoderma, Helminthosporium*, y *Hormodendrum*. Por lo que los fungicidas[7], al igual que los bactericidas, se han utilizado para combatirlos desde tiempos muy remotos, y que van desde los de origen mineral (sales de arsénico, azufre, hierro, o la combinación de sulfato de cobre más hidróxido de calcio (cal apagada) que se denomina "caldo bordelés, etcétera, hasta los orgánicos modernos de origen sintético, entre los que mencionaremos a:[8] Arasan®, Captán 50wp®, Benlate®50,

---

[7] El autor de esta obra, no recomienda ningún producto ni el uso de los biocidas en general, los que (cómo último recurso) deben ser manejados y dosificados por personal experimentado, y con la mayor precaución posible, dada su alta toxicidad tanto para los humanos como para el ecosistema. Por lo que es preferible emplear, el control biológico, que abarca a los enemigos naturales de esas plagas tales como insectos; aves o determinadas plantas que producen repelentes naturales, cómo el pelitre, u otras de la familia compuestas, que elaboran: rotenona, la que se extrae de la raíz de la planta *Derris elíptica*, y es útil contra escarabajos, trips, orugas, ácaros o pulgones. (véase: https://www.agrohuerto.com/insecticidas-naturales-huerto-ecologico).
[8] Sólo se refieren aquí como ejemplos.

Manzate D®, Parzate C®.

Los hongos pueden parasitar todos los órganos vegetales vivos e incluso ocasionar pudriciones en la madera, o vivir sobre los troncos, a los que perforan hasta llegar a los haces vasculares (xilema y floema), de donde se nutren (véase figura 1.21).

Plantas superiores parásitas

Pocas son las especies de vegetales con flores o superiores que parasitan a otros de su mismo grupo, como es el caso de la *Cuscuta* spp. o "zacatlascal o tiripú", que pertenece a la familia Convolvulaceae, y que es una planta que por carecer de clorofila es parásita obligatoria de árboles, arbustos o hierbas de los que se alimenta después de perforarlos por medio de órganos chupadores denominados haustorios absorbiendo de su huésped: agua, la sales minerales, así como otros productos que él elabora, por lo que es muy perjudicial para los cultivos y difícil de erradicar.

Cuscuta tiene muchos tallos de color amarillento-anaranjado de 1 milímetro de grosor que se enredan sobre sus hospederos por medio de sus raíces adventicias; es de hábitat cosmopolita frecuente en las zonas templadas y cálidas del continente americano y algunos autores (Daubenmire, 1996), la consideran un parásito parcial, porque afirman que en sus tallos sí hay clorofila.

Por otro lado, también pertenecen al grupo de las plantas parásitas las "orobancas", *Orobanche* spp, y otros géneros de la familia *Orobanchaceae*, como *Conopholis americana,* o *"elotillo".* Dichas plantas tienen haustorios en la parte inferior de su tallo, por donde parasitan al "trébol, alfalfa", entre otras, o al "encino", como es el caso de la última especie citada. Poseen un tallo simple de color blanquecino, moreno, amarillo o violáceo, flores del mismo color y hojas reducidas a pequeñas escamas. Estas plantas están muy relacionadas con la familia *Scrophulariaceae*, en la cual muchos géneros son parásitos facultativos de las raíces, como ejemplos están los géneros *Castilleja, Pedicularis, Melampyrum* y *Gerardia.* Mientras que *Striga* sp., es parásita obligada.

Fig. 1. 22. *Rafflesia arnoldii*. (Foto: Henrik Hansson. Cortesía de Powo. Science. Kew.org. Licencia CC).

Otro género de plantas parásitas de hábitat tropical, es *Rafflesia*, agrupada en la familia a la que da su nombre. La especie *Rafflesia arnoldii*, ha modificado tanto su aspecto que asemeja ser un hongo. El único órgano aéreo (a nivel del suelo) que posee es su flor, famosa tanto por su mal olor (a carne en proceso de putrefacción, lo que atrae a las moscas), como por medir hasta tres metros de diámetro, y alcanzar entre los cinco y ocho kilogramos de peso, por lo que es considerada como la flor de mayor tamaño en el mundo (véase Figura 1. 22).

Plantas superiores hemiparásitas

A diferencia de las plantas parásitas, éstas fanerógamas sí tienen clorofila y por lo tanto realizan la fotosíntesis y elaboran compuestos orgánicos a partir de la luz, agua, pigmentos fotosintetizadores y CO_2. Se denominan hemiparásitas por vivir sobre otras plantas, a las que les quitan además de espacio, luz, agua y sales minerales. Sus tallos y hojas tienen aspecto normal.

Ejemplo de hemiparásitas de amplia distribución mundial son las agrupadas en el orden Santalales y la familia *Loranthaceae*, la que incluye a 75 géneros y mil 300 especies; con diferentes géneros en América; nueve de los cuales, se encuentran en México, entre los que destacan con aproximadamente ciento veinte especies, los géneros: *Phoradendron, Arceuthobium, Struthanthus, Loranthus, Psitacanthus, y Cladocolea,*

Son denominadas popularmente como: "acaba los árboles, aparicua, caballero, flor de pino, foji, ingerto, injerto, injerto de pájaro, liga, mal ojo, mata palos, muérdago, muérdago americano, palmita, pasto de encino, seca palo, tarepin, toji, visco americano, yerba del piojo", mientras que en la lengua maya, se les conoce como " chak-kau, x'ak'xiw, xk'ex, ya'axiu", y'kau,", etcétera (véase figura 1.23). Para ilustrar lo antes referido se presenta la descripción de las plantas llamadas popularmente "muérdagos". Tienen aspecto herbáceo o leñoso, erecto o colgante, distribución mundial, con o sin hojas de color verde-amarillento. Viven sobre arbustos y árboles silvestres o cultivados con importancia tanto maderable, frutícola u ornamentales, a los que pueden causar directa o indirectamente diferente grado de daño e inclusive hasta la muerte.

Fig.1.23. *Phoradendron tomentosum*
(Foto: James Manhart. Texas A & M University)

Las semillas de estas plantas son transportadas de un árbol a otro por aire o por las aves y germinan en cualquier sitio. Si las semillas después de germinar están sobre un huésped apropiado sobreviven al atravesar su corteza, y penetrar hasta alcanzar el sistema vascular, en donde por medio de sus raicillas modificadas o haustorios les extraen agua y sales minerales. En cambio sí germinan y no encuentran un huésped del cual subsistir, perecen.

Otro ejemplo de hemiparásitas que viven al introducir sus órganos absorbedores en las raíces de gramíneas, pertenecen a los géneros *Melampyrium* y *Rhinanthus* de la familia botánica Scrophulariaceae. Habitan en algunos bosques.

Epífitas

Cuando una planta crece adherida o apoyada en otra sin tomar alimento de ella, se le conoce como epífita, como las pertenecientes a la familia de las Bromeliáceas en la que se incluye a *Tillandsia usneoides* o "heno", (véase figura 1.23 B); algunas orquídeas, como *Vanilla planifolia,* "vainilla"; varias aráceas y pocas cactáceas, mientras que entre las criptógamas tenemos algunas algas, líquenes, musgos, hepáticas y helechos. Estas plantas aprovechan la humedad ambiental, el polvo del aire, y en parte, las substancias procedentes de la descomposición de la corteza, para elaborar su materia orgánica, pero en ocasiones, al crecer su población excesivamente, perjudican con su número y peso a su hospedera, derribando sus ramas, y/o compitiendo con sus hojas por la luz, mientras que otras, terminan por estrangular sus tallos, causándoles la muerte como es el

Fig. 1.23. B. *Tillandsia usneoides*. (Foto: Francisco González Medrano / Banco de imágenes Conabio).

caso de algunas especies de higueras del género *Ficus*, por lo que reciben el nombre de "mata palos".

Plantas superiores saprófitas

Algunas orquídeas como las de los géneros: *Cypripedium*, *Neottia*, y *Coralorhiza* son de vida saprofítica, por alimentarse de restos de vegetales o material orgánico en descomposición y no son de color verde, al igual que la conocidas popularmente como "pipa de indio", *Monotropa uniflora* (Pirolaceae), planta de aspecto seroso, de color blanco amarillento, y con micorriza abundante en las raíces, que habita en bosques templados, alimentándose de la hojarasca a la que descomponen y ayudan a convertir en humus (véase figuras 1.24.).

Figuras 1.24. *Monotropa uniflora*. **Izq.** Tallo. (Foto: Miguel A. Salinas Mendoza. **Der.** Flor. Foto: Mario Castañeda Sánchez.
Ambas tomadas con autorización del Banco de Imágenes de Conabio).

Relaciones intraespecíficas

Por otro lado, en las comunidades también ocurren correlaciones intraespecíficas entre los individuos de una misma especie, las que pueden ser de diferentes tipos: por competencia por luz, espacio, alimento, o pareja para la reproducción (esta última ocurre principalmente en el reino animal, pero también, se presenta en el caso de las plantas dioicas, es decir, aquellas que tienen sus órganos reproductivos en individuos distintos o en aquellas que requieren de polinización cruzada, en ambas, se necesitan de dos individuos para lograr la fecundación y la subsecuente reproducción sexual).

En el caso de poblaciones de vegetales se establecen varias formas de relación, entre sí y los animales que las rodean, como por ejemplo: un buen número de plantas requieren de algunas especies de animales para la polinización de sus flores (la que es llevada a cabo por insectos como abejas, avispas, mariposas, moscas, escarabajos, hormigas, chinches, polillas, etcétera, denominándose entonces como entomófilas; o por medio de aves y aun mamíferos).

De igual modo, las plantas dependen del agua, del viento o de algunos animales (fundamentalmente aves y mamíferos), para el transporte de sus frutos y dispersión de sus semillas, por lo que presentan estructuras en forma de gancho, pelos o barbas que se pegan a la piel de los animales que pasan cerca de los frutos, e incluso elaboran una pulpa muy pegajosa (mesocarpio), que hace que se adhieran a los picos de las aves, los que al limpiárselos sobre las cortezas de los troncos, las dejen en ese lugar, propagándolas de esa manera, esto sucede por ejemplo con las plantas antes mencionadas como "muérdagos" (de la familia botánica Lorantáceas).

Algunas semillas poseen cubiertas (testas) muy duras e impermeables, que resisten los jugos gástricos de los animales, y atraviesan todo su tracto digestivo sin sufrir ningún ataque, dispersándose junto con las heces, mientras que para otras, ese tránsito les es benéfico por ablandar esos jugos, la estructura mencionada y facilitar así, su germinación después de caer al suelo.

LA BIOGEOGRAFÍA

Comprende el estudio de la distribución de los seres en la superficie de los continentes y en el seno de los océanos, además de las causas de ese reparto en el espacio y en el tiempo. Las especies vegetales se dispersan por medio de los vientos, las corrientes acuáticas o de otros seres vivos, incluyendo al hombre. Las áreas geográficas de las especies no están ubicadas al azar, y aunque las poblaciones tienden a crecer circularmente, esto no siempre sucede así, ya que ellas están sujetas a la acción de factores deformantes (como el clima, las barreras geográficas y biológicas), no siempre fáciles de identificar o de entender, por lo que, los patrones de distribución están regidos por una sola ley, la de la supervivencia.

Las condiciones físicas de la superficie del planeta en el que habitamos son muy variadas, y en general heterogéneas, lo que hace que los organismos no se distribuyan de manera homogénea en dicho terreno, por lo que resulta de importancia, el estudio de la distribución de los seres.

De Martonne (En Tamayo, 1996) definió a la biogeografía como "el estudio de la distribución de los seres vivos en la superficie del globo y el análisis de sus causas". Aunque por razones de subsistencia no es concebible separar a las plantas de los animales, mientras que las primeras, tal vez sí sobrevivesen sin los segundos; por conveniencia en esta obra, sólo se tratará del estudio de la geografía botánica, y haciendo hincapié, en lo antes dicho, ya que difícilmente prosperaría algunos años el reino animal, (incluyendo a los protozoarios), si por alguna razón desapareciese de la faz de la Tierra el reino vegetal (en el que ahora por comodidad, se incluye a los recientemente denominados también reinos, el de las Moneras, de los Protistas y el de los Hongos o Fungi).

Geografía botánica

Se conoce con el nombre de fitogeografía, geografía botánica o geobotánica, a la rama de la botánica que se encarga del estudio de la distribución de los vegetales sobre la superficie terrestre y comprende el conocimiento de: la distribución de las especies o geobotánica florística;

a el conjunto de factores que determinan las asociaciones y la distribución de las mismas o geobotánica ecológica y,

Tres cuartas partes del territorio de México pertenecen geográficamente a Norte-américa y el resto a Centro-américa (Mesoamérica). En América se reconoce la existencia de dos grandes regiones biogeográficas, la neártica y la neotropical (véase figura 1.25.), aunque sus límites no han sido aceptados por todos. Nuestro país posee flora y fauna correspondiente a ambas regiones, ya que se encuentra comprendido entre esas dos zonas.

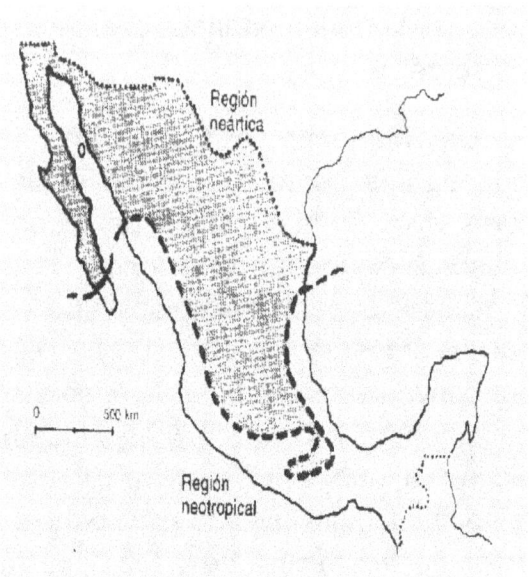

Fig. 1. 25. Regiones Biogeográficas de México. Tomado de: R. A. Mittermeier y C. Goettsch. 1992.

a la historia de la vegetación en relación con los fenómenos geológicos o geobotánica histórica y genética (Ruiz *et al.* 1958).

Vegetación acuática y subacuática
1.- Manglar
2.- Popal-Tular

Selvas húmedas y subhúmedas
3.- Selva baja subperennifolia
4.- Selva alta perennifolia
5.- Selva alta subperennifolia
6.- Selva mediana subperennifolia
7.- Selva mediana subcaducifolia
8.- Selva mediana caducifolia

Selvas secas
9.- Selva baja caducifolia
10.- Selva baja espinosa
11.- Sabana

Bosques
12.- Bosque mesófilo de montaña
13.- Bosque de coníferas y encinos
14.- Pastizal

Matorrales de zonas áridas y semiáridas
15.- Chaparral
16.- Matorral subtropical
17.- Matorral submontano
18.- Matorral espino tamaulipeco
19.- Matorral sarcocaule
20.- Matorral sarco-crasicaule
21.- Matorral sarco-crasicaule de neblina
22.- Matorral crasicaule
23.- Matorral rosetófilo costero
24.- Matorral desértico rosetófilo
25.- Matorral desértico micrófilo
26.- Mezquital
27.- Vegetación de desiertos arenosos
28.- Vegetación halófila

Principales tipos de vegetación en la República Mexicana

México por su ubicación geográfica, su contorno, clima, orografía, geología y suelos, presenta una gran diversidad de condiciones ecológicas, únicas en el mundo, las que han dado como resultado una riqueza florística y de comunidades vegetales donde prácticamente existen casi todas las formas descritas a nivel mundial.

En el país, existen áreas de terreno en donde casi no se encuentra vegetación alguna (eriales), lo que puede observarse en las partes más áridas de los desiertos o cerca de las nieves perpetuas. En contraste, podemos hallar selvas exuberantes con árboles de más de 40 m de altura en áreas con precipitaciones superiores a los 4 000 milímetros anuales. Entre estos extremos existe una gran variedad de comunidades arbustivas que forman extensos y diversos matorrales y pastizales, así como bosques de coníferas y encinos en casi todos los sistemas montañosos. Palmares y selvas con diferente grado de caducidad de su follaje, manglares muy desarrollados en el sur de ambos litorales y comunidades vegetales pioneras en las dunas costeras, entre muchas otras.

Mapa 2. Principales tipos de vegetación en la República Mexicana.

Adaptado con modificación del Mapa IV.1.b. En: Instituto Nacional de Estadística, Geografía e Informática. Datos Básicos de la Geografía de México. Publicaciones INEGI. 1991. pp.105-120.

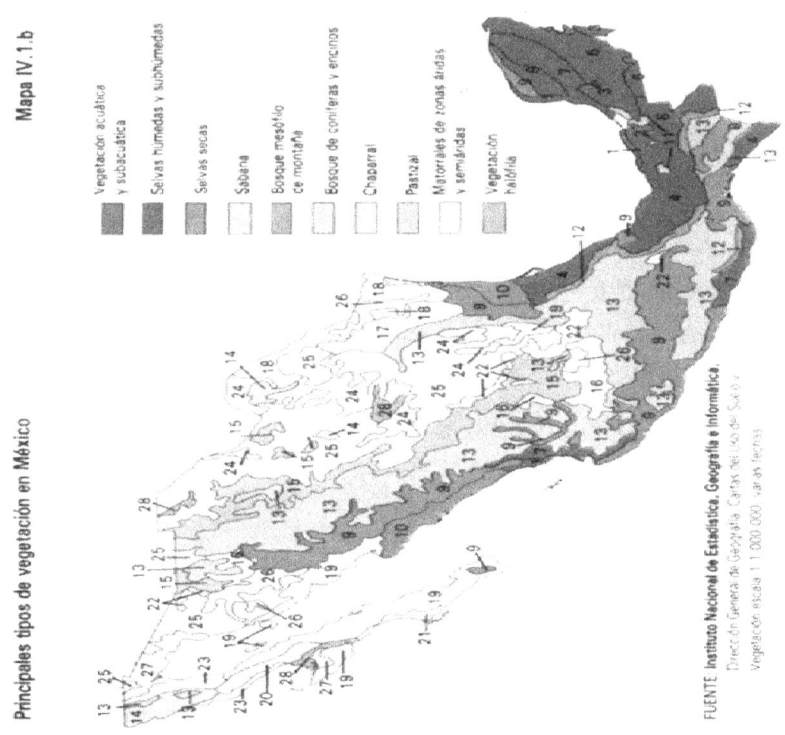

LA DIVERSIDAD BIOLÓGICA MUNDIAL

Según el Centro de Monitoreo de la Conservación del Ambiente (organismo del Programa de las Naciones Unidas para el Medio Ambiente o PNUMA, por sus siglas en español), existen 17 países que contienen entre el 60 y 70 por ciento de las especies del planeta se les conoce como países megadiversos los que son: Australia, Brasil, China, Colombia, Costa Rica, Ecuador, Estados Unidos de América, Filipinas, India, Indonesia, Malasia, México, Papúa Nueva Guinea, Perú, República Democrática del Congo, Sudáfrica, Venezuela[9].

La megadiversidad en México es el resultado de varios factores, entre ellos: la gran diversidad de hábitats que posee, producto a su vez de su alta heterogeneidad climática y topográfica. Por otra parte la mezcla de flora y fauna de diferente origen que es el resultado de la historia geológica del país y de que en México confluyan grandes regiones biogeográficas, (la neártica y la neotropical); además de un alto índice de grupos endémicos debido a condiciones de aislamiento como producto del accidentado relieve de este país; su amplio litoral (11 mil 593 kms.) está bañado por los océanos Pacífico y Atlántico, así como de más de 40 islas, las que representan una superficie cercana a los 6, mil seis kilómetros.

Sobre la diversidad vegetal a nivel de especies tenemos que México cuenta con apenas 1.4 por ciento de

---

[9] Véanse: Cruz, AA. *et al.*; Rodríguez-Acosta, M. 2011, y *"Países megadiversos"* en: https://es.wikipedia.org/wiki/Países_megadiversos

la superficie terrestre del planeta y es uno de los países más ricos, ya que posee entre el 10 y el 12 por ciento del total de especie conocidas en el mundo. Nuestro país destaca, además por sus endemismos, es decir, por la presencia de organismos que no existen en ningún otro país. Considerando tan sólo la flora, el porcentaje de endemismos oscila entre el 44 y el 63 por ciento, mientras que para los vertebrados, la proporción es del 30 por ciento en promedio.

Fig. 1.26. Selva húmeda. (Foto: Dominio público en Pixnio.com).

El patrimonio biológico de México es uno de los más importantes del mundo, considérese a manera de ejemplo la siguiente cifra: Se estima que existen cerca de 36 mil especies de plantas (somos el quinto lugar con mayor número de especies de plantas, el cuarto en anfibios, segundo en mamíferos y primero en reptiles), más 6 mil especies de hongos (Secretaría de Medio Ambiente y Recursos Naturales, 21 mayo de 2016).

El sureste del país, específicamente los estados de Oaxaca y Chiapas, constituyen el área más diversa de México, constituyen el área más diversa de México, contienen entre el 30 y 40 por ciento de las especies conocidas (Conabio, 1998), y se consideran como una de las 15 áreas críticas de biodiversidad en el planeta.

La biodiversidad de México es impresionante no sólo por el número total de especies conocidas, sino también por las especies endémicas que se han encontrado en el país. Existen por ejemplo, al menos 9 mil 670 especies endémicas de plantas: de las cuales 9 mil 300 son fanerógamas (plantas con flor; angiospermas y gimnospermas), al menos 180 especies de briofitas (musgos y hepáticas) y 190 de pteridofitas (helechos y similares). Mil 759 de arañas, más de 265 de homópteros, 951 de curculiónidos, 200 de mariposas, 174 de anfibios, 368 de reptiles, 111 de aves y 251 de mamíferos (Semarnap, 1996; Cruz, AA. *et al.* 2011).

LOS PRINCIPALES ECOSISTEMAS MEXICANOS

En particular de los ecosistemas terrestres, los más diversos que encontramos en México son[10]:

---

[10] Para ampliar este tema, se recomienda ver: 1) "*Ecosistemas de México*" CONABIO. 2019 en: https://www.biodiversidad.gob.mx/ecosistemas/ecosismex
2) https://www.biodiversidad.gob.mx/ecosistemas/ecosismex

a) las selvas húmedas, también llamadas: selva alta perennifolia o bosque tropical perennifolio y que llega a incluir a la selva baja perennifolia (véase figura 1.26).

Fig. 1.26. Selva húmeda. (Foto: Dominio público en Pixnio.com).

b) las selvas secas, se les denomina también como: selva baja caducifolia, bosque tropical deciduo, selva baja decidua, o selva subhúmeda.

c) las dunas costeras, o sistemas de dunas.

d) los matorrales que ocupan el 30 por ciento de la superficie del país, los hay de diversos tipos y han recibido variada denominación:
Matorral xerófilo (seco), cardonales, tetecheras, izotales, nopaleras, matorral espinoso, matorral inerme (sin espinas), parvifolio (hojas pequeñas), magueyales, lechuguillales, guapillales, y chaparrales. Aquí se incluye la vegetación halófila o

halófita que habita en suelos salinos, la de suelos con yeso o gipsófila y la de los desiertos arenosos. Los mezquitales, el matorral submontano, los matorrales de tallos carnosos (o crasicaules), y otros tipos de matorrales (véanse figuras 1.27-1.29).

Fig. 1. 27. Matorral, izotal: Izq. *Yucca* sp. Der. *Nolina* sp. (Fotos: Francisco González Medrano / Banco de imágenes Conabio).

Fig. 1. 28. Matorral halófito (Foto: Jersy Rzedowski Rotter / Banco de imágenes Conabio).

Fig. 1.29. Matorral inerme. *Pachycereus grandis* (Foto: Jersy Rzedowski Rotter / Banco imágenes Conabio).

e) los pastizales, llamados en otros países: estepa, pampa, sabana o praderas. Existen algunos de tipos de ellos con distribución limitada como los zacatonales alpinos o páramos de altura, o los que crecen sobre suelos salinos o que contienen yeso

Fig. 1.30. Pastizal, páramo de altura (Foto: Jersy Rzedowski Rotter / Banco imágenes Conabio).

(gipsófilos) (véase figura 1.30).

f) los manglares, son formaciones que comprenden de una a 4 especies de plantas leñosas denominadas popularmente como mangle (*Rhizophora* spp., *Avicennia* spp., *Laguncularia racemosa* y *Conocarpus erectus*) como dominantes aunadas a otras pocas especies de hierbas y enredaderas con escasa presencia.

Fig. 1.31. Bosque mesófilo. (Foto: Francisco González Medrano / Banco de imágenes Conabio).

f) los bosques templados, bajo esta

denominación se agrupan a los bosques de coníferas (pinos, oyameles), a los bosques de pinos, a los de abetos u oyamel, a los de encino, a los bosques mixtos de pino y encino, entre otros.

g) los bosques mesófilos de montaña, o bosques nublados, bosques de niebla, bosque húmedo de montaña, nubiselva, selva nublada, etc. son los que se desarrollan bajo condiciones terrestres de intermedia humedad y están constituidos por mezclas de especies tanto boreales (del norte o septentrionales) como neotropicales, con árboles como: pinos, encinos, liquidámbar, árbol de las manitas, magnolias; gran cantidad de epífitas y helechos arborescentes, etc. (Véase figura 1.31). Albergan aproximadamente el 27 por ciento de la riqueza florística mexicana o sea el 2 por ciento a nivel mundial y son una de las "comunidades más vulnerables y amenazadas por factores como el cambio climático mundial, el cual afecta los procesos naturales de las especies animales y vegetales que lo habitan, como la floración, fructificación, anidación y migración entre otros" (Conabio, 2014).[11]

Los bosques templados mexicanos son de los más diversos en el planeta y cuentan al menos con 55 especies de pinos (*Pinus* spp.) y con 138 especies de encinos (*Quercus* spp.), de las cuales, son endémicas el 85 por ciento de las primeras y el 70 por ciento de las segundas. A ello se suma el aporte de los desiertos de esta nación,

---

[11] Véase también:
https://www.biodiversidad.gob.mx/ecosistemas/bosqueNublado.

los que albergan, entre otras plantas, a la mayor variedad de cactáceas del mundo, con un total de al menos 800 especies, las cuales representan el 42.5 por ciento en el ámbito mundial (Semarnap, 1996).

José Waizel-Bucay

Capítulo 2

Introducción al estudio del Suelo o Edafología

Algunas definiciones del concepto suelo

"De todos los dones de la naturaleza, ninguno más indispensable para el hombre que la tierra. Esta mezcla compleja de material animal, vegetal y mineral, que cubre el núcleo rocoso del globo terrestre a profundidades diversas. Es uno de los cuatro elementos primarios indispensables para la vida. Junto con la luz solar, el aire y el agua, la tierra nutre la vida vegetal y sustenta a todos los seres vivientes. Sin ella, nuestro planeta sería tan estéril como la luna" (Anónimo, s/f.).

Un diccionario, nos explica que la palabra suelo proviene del latín *solum,* y significa la superficie de la tierra (García-Pelayo, 1983); mientras que otro, refiere para el mismo término, "Acumulación de partículas minerales y de materias orgánicas que forman una capa superficial sobre grandes extensiones de la superficie terrestre. Suministra apoyo y sustancias nutritivas a las plantas y está habitado por numerosos microorganismos y animales" (Tootill, 1992).

La Escuela de Geografía rusa define el término suelo, como la parte más periférica de la corteza terrestre en vías de desintegración (Walther, 1931).

Fassbender (1975) lo define como "un sistema natural desarrollado a partir de una mezcla de minerales y restos orgánicos bajo la influencia del clima y del medio biológico; se diferencia en horizontes y suministra, en parte, los nutrientes y el sostén que necesitan las plantas, al contener cantidades apropiadas de aire y agua".

Sevilla (1977) lo amplía a la capa exterior de la corteza terrestre no consolidada, con espesores que varían desde una delgada capa hasta los 3 metros y que por la acción conjunta de los agentes atmosféricos y los organismos, así como la incorporación de materia orgánica, se ha hecho apta para el crecimiento vegetal.

En sentido general, un suelo es más o menos un material suelto y friable, en el cual, por medio de sus raíces, las plantas pueden o encuentran su sostén y nutrición así como otras condiciones de crecimiento (Hilgard, 1921).

Estas descripciones serían fundamentalmente la opinión de la agricultura, pero para un geólogo, el suelo equivaldría a: el material que da vida, así como "el material suelto o capa de la cual proviene el suelo", mientras que para un ingeniero (constructor) el término tiene un significado más amplio, y se define como cualquier material no consolidado compuesto de distintas partículas sólidas con gases o líquidos incluidos (Sowers y Sowers, 1990).

Por otra parte, Fassbender (ya citado) lo define como "un sistema natural desarrollado a partir de una mezcla de minerales y restos orgánicos bajo la influencia del clima y el medio biológico; que se diferencia en horizontes y suministra en parte, los nutrimentos y el sostén que necesitan las plantas, al contener cantidades apropiadas de aire y de agua".

Con estas exposiciones, podemos tener una imagen introductoria a lo que significa el multicitado término suelo, acepción a la que algunas veces atribuimos como sinónima de tierra, la que es el lugar, el terreno dedicado o propio para el cultivo de las plantas.

Ahora bien, un buen suelo, resulta en realidad de la combinación de cinco ingredientes básicos:

1. La roca fragmentada de diferente tamaño desde piedras a grava, o hasta partículas coloidales como las que hay en las arcillas, y que origina al material inorgánico indispensable para los vegetales.
2. La materia orgánica (en diferente grado o estado de descomposición) suministrada por animales y vegetales y aunque constituye una pequeña proporción del suelo, es muy importante para él mismo.
3. Agua con sustancias orgánicas e inorgánicas en suspensión o solución.
4. Gases atmosféricos dentro de los espacios porosos, entre las partículas del suelo que proporcionen el oxígeno necesario para la respiración de los seres vivos.
5. Una comunidad de organismos vivientes, formada por: microorganismos (bacterias (protistas o proctistas), hongos, plantas y animales.

Ahora bien, la ciencia dedicada al estudio del suelo es la agrología o pedología, y estudia los caracteres físicos, químicos y biológicos de los terrenos (García-Pelayo, *op. cit.*), a lo que algunos autores denominan como: factores edáficos, de los que consideran como principales a: el contenido de agua, el pH[12], la materia orgánica o la textura del suelo (Tootill, ya citado). Aunque el término pedología ha caído en desuso, cediendo su sitio a términos menos concisos como: ciencia del suelo, *soil science, science du sol,* o más correctamente a la edafología, a la que Soto (1965) define como: la ciencia que estudia los suelos y los procesos que los forman, y cuyo nombre proviene del griego: *edaphos,* superficie de la tierra[13].

Origen y formación del suelo

Los suelos pueden tener distintos orígenes: Pueden formarse en el mismo sitio (*in situ*), y se les denomina como residuales; o bien, ser arrastrados o acarreados y entonces se les conoce como suelos transportados.

Los primeros, son el resultado de la alteración meteorológica -intemperismo-, o meteorización de las rocas y sus minerales primarios, proceso que puede ser de tres tipos: físico, químico o biológico.

---

[12] pH o potencial de Hidrógeno (abreviado pH), es un valor numérico que expresa la concentración de iones de hidrógeno; y determina el nivel de acidez o alcalinidad.
[13] Véanse: González-Molina, 2018, o, Calderón, G. 2019. Edafología. En: https://www.euston96.com/edafologia/

Procesos de formación de los suelos (Edafogénesis)

I. Meteorización física

Consiste en la fragmentación o disgregación de la roca madre subyacente por la acción de los agentes físicos como: la temperatura, el viento, el agua, la luz solar, y la presión de las raíces y concluye con su pulverización y posterior dispersión por la superficie terrestre.

Fig. 2.2. Roca fragmentada.

La luz solar causa el calentamiento y la dilatación de la superficie expuesta de las rocas, y su consecuente resquebrajamiento y formación de fisuras, las que se van agrandando por la repetición diaria del proceso, hendeduras que cuando contienen agua y desciende su temperatura hasta el punto de congelación, ésta sufre una expansión, ampliando entonces las grietas, lo que puede romper las masas rocosas (véase figura 2.2). Así, ellas continúan desintegrándose hasta reducirse al fin, en las pequeñas partículas minerales que forman el suelo y que según su tamaño pueden distinguirse como: grava (partículas de 2 a 20 milímetros); arena (0.05 a 2 milímetros); arenillas (menores a 1 milímetro); limo (partículas de 0.05 a 0.002 milímetros) y arcilla (partículas menores de 0.002 milímetros).

II. Meteorización química

Disolución

El aire atmosférico aporta el dióxido de carbono (CO_2), y junto con la lluvia forma el ácido carbónico (H_2CO_3), el cual a pesar de ser un ácido débil, aumenta la capacidad disolvente del agua, poniendo en solución a los minerales más solubles de las rocas, tales como las sales de elementos alcalinos y alcalinotérreos (sodio, potasio, calcio y magnesio), que forman sus respectivos: cloruros, sulfatos y carbonatos. El agua es por lo tanto, el principal factor meteorizante.

Hidrólisis

Al reaccionar los minerales con el agua ocurre la hidrólisis, que es la descomposición de los compuestos por acción del agua, ya que al separarse en sus componentes los iones de hidrógeno (H^+) y los iones hidroxilo (OH^-), se combinan con los minerales, y forman los respectivos ácidos e hidróxidos, los que a su vez, continúan actuando sobre el material de los componentes, formando por ejemplo, arcillas como la caolinita a parir de la ortoclasa. Es decir, por hidrólisis se sintetizan minerales secundarios que posteriormente serán lavados o arrastrados hacia capas más profundas, o puestos en solución para ser aprovechados por los vegetales.

Oxidación

Otro proceso que ocurre es la oxidación, sobre todo de los materiales que contienen hierro o manganeso. La descomposición de silicatos, sulfatos y carbonatos ferrosos así como compuestos manganosos es bastante rápida en presencia de oxígeno, por ejemplo el color rojo intenso de algunos suelos (como las lateritas), es debido a la hematita, la que es un óxido ferroso. El efecto del agua es más intenso al aumentar el contenido en el suelo de ácidos o bases.

III. Meteorización biológica

Comprende a los diferentes procesos físicos o químicos de descomposición de la roca o material parenteral debidos a la acción de los seres vivos, por ejemplo a la actuación química de los ácidos orgánicos provenientes del metabolismo de los organismos vivientes, que en él habitan, fundamentalmente las algas, bacterias, líquenes, musgos y las plantas superiores, sumada a la maniobra física, debida a la presión que ejercen las raíces en las grietas de las rocas (véanse figuras 2.3 y 2.3a).

Fig. 2.3. Intemperización biológica. Raíces y rocas. (Foto: Nuria Millas en Pixabay).

Los organismos antes citados, extraen nutrientes de las rocas (silicio, calcio, magnesio, potasio, etcétera) los que son reemplazados por hidrógeno en los minerales, los que a través de este proceso se vuelven menos estables (Fassbender, 1975).

Fig.2.3.a. Intemperización biológica. Sip. Izq. Musgos; Líquenes sobre el resto de la roca.

Suelos transportados

Según los agentes que los transportaron, este tipo de terrenos se diferencian en:

a) Por gravedad: coluvial

La fuerza de gravedad es la que ocasiona el traslado de las partículas del suelo, como lodos. Por otra parte, los fragmentos de riscos o de las pendientes rocosas escarpadas se derrumban a intervalos de tiempo acumulándose abajo. Estos materiales de tamaños muy grandes pueden sepultar a las plantas que crecían abajo, haciendo además que la percolación del agua de lluvia sea muy rápida.

b) Por escurrimiento: aluvial

En este caso, el agente acarreador es un río. Los aluviones los depositan las corrientes del agua en los márgenes de los ríos y los esteros, formando en principio planicies inundables y después al quedar

fuera del alcance del agua crean terrazas. Ejemplo de esto son los suelos inundables situados a las orillas del rio Nilo, y a los que fertilizan fundamentalmente los limos aportados por el río en sus crecidas. Cuando las corrientes de agua llegan a algún lago o al mar, el depósito de aluvión y de arcilla se sedimenta a orillas del agua tranquila formando un delta (Daubenmire, 1996).

c) Por glaciares: glacial

Se originaron al depositarse, arcillas, arenas, gravas y

piedras o cantos rodados, las que se mezclan perfectamente al ser arrastradas por los glaciares.

d) Por el viento: eólico

El material transportado por el viento se divide en dunas o *Loess*. Las dunas "son acumulaciones importantes de arena de diferentes formas" (Soto, 1965), y se localizan en varios lugares:

1) A lo largo de litorales y lagos.
2) A lo largo de los valles de los ríos en las llanuras inundables, las que al secarse son trasladadas por los vientos, y
3) En las regiones secas. El desgaste de la roca arenisca y otras, puede producir la arena que el viento acarreará debido a lo escasa de la vegetación.

Mientras que el *Loess* es un depósito de partículas con textura más fina que la arena, que el viento recogió y transportó, las que resultaron de la pulverización de rocas depositadas por las agua del deshielo de los glaciares del pleistoceno y después acarreadas por el viento a áreas de donde éste proviene (barlovento), (Daubenmire, *op. cit.*).

e) Por otros tipos

Los lacustres se iniciaron por sedimentación del aluvión, adicionado con los esqueletos, conchas y las excreciones de los organismos acuáticos, en el fondo de los lagos que posteriormente se desecaron y desaparecieron. El material de base marino ha sido transportado por las corrientes oceánicas, en parte por la multitud de riachuelos y el viento. En los alrededores de los volcanes, los materiales procedentes de éstos, como las cenizas, polvos, la piedra pómez, el tezontle, las piedras o bloques volcánicos (*lapilli*), pueden originar suelos. Por otro lado, las cenizas y los aluviones, entre otros, pueden sepultar a un suelo preexistente en algún lugar.

LA LITÓSFERA Y LAS ROCAS DE INTERÉS EDÁFICO

La litósfera es una capa fundamental de la tierra, ya que es el lugar donde se manifiesta la vida. Su nombre proviene del griego: *litos,* piedra y *sphaira,* esfera[14] y está compuesta de rocas sedimentarias e ígneas. En sus primeros 16 kilómetros se denomina Sial, por que predominan en su composición los silicatos alumínicos junto con el oxígeno y fierro los que conforman el 87 por ciento de su volumen total, siguen en importancia el calcio, magnesio, sodio y potasio, estos ocho elementos químicos sobrepasan el 1 por ciento de participación y les siguen otros como titanio, fósforo, manganeso, azufre, cloro y carbono. En la segunda capa denominada Sima predominan el silicio y el magnesio (Fassbender, *op. cit.).*

El término roca, se puede definir como el material sólido que se presenta en forma natural y que cubre una parte considerable de la corteza terrestre. Ochenta elementos químicos componen a todas las rocas madres.

Roca también se puede explicar como: "La masa consolidada formada por la cementación de uno o varios minerales". Se agrupa de acuerdo a su origen, en tres

---

[14]Véase : https://www.euston96.com/litosfera/

grandes categorías: ígneas o eruptivas; sedimentarias; y metamórficas (Aguilera, 1975).

Rocas ígneas

Figura 2.4. Volcán en erupción. Pixabay.com

Se llaman también eruptivas, endógenas o magmáticas y son las que conforman la mayor parte de la corteza terrestre, provienen del enfriamiento y solidificación del material fundido llamado magma (lava), (véase figura 2.4) y de acuerdo con su posición en la superficie de la tierra y su solidificación se clasifican en dos grandes grupos: a) intrusivas o plutónicas en las que el magma no alcanzó a llegar a la superficie terrestre y las intrusiones del magma que penetran en las rocas se llaman plutones, son ejemplos: el gabro, granito y la diorita; y b) extrusivas o volcánicas, porque sí alcanzaron la superficie en estado fundido parcial o totalmente durante la erupción volcánica, son ejemplos: el basalto, la toba, andesita y riolita.

Este grupo de rocas se pueden clasificar de acuerdo a su contenido de óxido de silicio, en: ácidas, semiácidas, básicas o semibásicas.

Rocas metamórficas

Se originan a través de cambios en las rocas preexistentes de cualquier tipo, debidos a alta temperatura y presión en el interior de la corteza terrestre, los que ocasionan la reorganización de sus componentes químicos y dan lugar a nuevos minerales. Ejemplos de ellas, son: los esquistos, el gneis, mármol y la pizarra (Hernández y Sánchez, 1973; Aguilera, *op. cit.*; González-Molina, 2018).

Rocas sedimentarias

También denominadas detríticas son las que se han formado en parte por los productos derivados del intemperismo y que fueron arrastrados por el agua, glaciares (hielo), o viento y que luego son depositados en el fondo de los mares, lagos o en las áreas de inundación de los ríos y en las depresiones en la

Fig. 2.5. Roca sedimentaria, arenisca. (Foto: PPD. Dominio público. Pixnio.com)

tierra, y por último sufrieron procesos de compactación; aunque hay otros tipos de rocas sedimentarias como las producidas por la acumulación de caparazones, principalmente de moluscos, y otros restos orgánicos, y por la precipitación de cristales de sales desde las soluciones acuosas; algunos ejemplos de rocas sedimentarias son: la arenisca, la caliza, los conglomerados, dolomías, y margas (véase figura 2.5).

Composición del suelo

De acuerdo a su naturaleza, los suelos se dividen en minerales y orgánicos. En el primer grupo, se encuentran aquellos con más del 80% de materiales sólidos minerales de diferentes dimensiones, y por lo tanto, con menos del 20% de materia orgánica. Mientras que los suelos orgánicos como los de turba o turberas, tienen un porcentaje mayor al veinte por ciento de ella, que puede llegar a alcanzar hasta el 90 o 95 porciento, ya que están formados por restos de vegetación acuática, de pantanos, manglares o marismas, que han sido conservados debajo del agua en estado de descomposición parcial anaerobia (sin oxígeno libre). La turba se emplea como combustible (Hartmann y Kester, 1995).

Un promedio aproximado de materia orgánica para un buen suelo mineral es de entre cuatro y cinco por ciento. En la mayoría de los suelos cultivados su proporción varía y puede llegar en algunos casos hasta ser del 10 por ciento; lo contrario ocurre en la superficie de los suelos arenosos desérticos donde sólo alcanza ocasionalmente el 0.5 por ciento de su peso total (Cronquist, 1969; Fassbender, 1975).

La parte inorgánica o mineral está compuesta por residuos de la desintegración del material parenteral o roca madre de diferentes tamaños desde la grava visible a simple vista, hasta las partículas coloidales microscópicas de arcilla, la diferente proporción de estas partículas determinan la textura de un suelo. Las partículas más grandes como grava, gravilla y arena, sirven como sostén al resto del suelo, mientras que las fracciones coloidales sirven como reservorio de nutrientes (cationes y aniones) que serán absorbidos por las plantas.

La parte o fracción orgánica está constituida por organismos tanto vivos como muertos, y sus detritos o excrementos. Estos últimos, después de los procesos de descomposición biológica forman el humus, el cual es la fracción del suelo orgánica amorfa finamente dividida o pulverizada y mezclada con el material mineral. El humus provino tanto de la "hojarasca" o *litter*[15] (material no descompuesto, depositado recientemente en la superficie del suelo, como hojas, troncos, ramas, leños, frutos, cadáveres, etcétera), como también de los productos orgánicos de los seres que viven en el suelo. Es en gran parte de tamaño y naturaleza coloidal, y que gracias a la actividad principalmente de hongos y bacterias, se va descomponiendo (por acción enzimática) en compuestos cada vez más sencillos, los que devuelven de esta manera al suelo, los componentes minerales que las plantas absorbieron de él. Las sales húmicas en solución coloidal

---

[15] Este término también significa en inglés: basura, detritus, fragmentos, etc. https://diccionario.reverso.net/ingles-definiciones/litter

fijan las substancias nutritivas y el agua por adsorción; es por tanto, una sustancia de color oscuro, untuosa al tacto, puede ser de composición variable y de dos tipos:

a) Humus ácido o bruto, se encuentra en el suelo en forma de capas, en él predominan los ácidos húmicos. por lo tanto, la reacción total del suelo es muy ácida y los suelos son pobres.

b) Humus elaborado, "cocido o dulce", es menos ácido y realmente provechoso para las plantas y otros organismos, ya que forma parte del suelo, o sea, está mezclado con él (Sevilla, ya citada).

Organismos del suelo

Los suelos tienen un importante componente constituido por seres vivos tanto vegetales como animales, los que además de conformarlo lo van modificando, algunos autores lo denominan como edafón (Sevilla, 1977). Dichos organismos se pueden agrupar de acuerdo a su tipo y complejidad, en: micro y macroflora y en micro y macrofauna, las que de forma respectiva, están constituidas por[16]:

a) Microflora: Bacterias; actinomicetos; algas[17](diatomeas, cianofíceas, clorofíceas, rodofíceas); mixomicetos y otros hongos (mohos o ficomicetos, levaduras, ascomicetos, o basidiomicetos (los dos últimos

---

[16] Véase : Swift *et al.*
http://www2.inecc.gob.mx/publicaciones2/libros/667/cap1.pdf
[17] Algunos de los organismos citados en este apartado, sólo en encuentran en suelos húmedos, inundables, o pantanosos.

grupos en algunos casos viven en simbiosis con plantas superiores en donde forman micorrizas).

b) Macroflora: Líquenes, musgos, helechos y otras criptógamas; así como los órganos subterráneos tanto de criptógamas como de fanerógamas, los que pueden ser: estolones, raíces, rizomas, bulbos y tubérculos.

c) Microfauna:

c.1. Protozoarios (animales unicelulares) de varios tipos: rizópodos o sarcodarios, amibas, flagelados, y ciliados.
c.2. Metazoarios (animales pluricelulares) de entre 0. 1 mm y 2 mm de tamaño o mayores, se dividen en Mesofauna y macrofauna[18].
c.2.1. Mesofauna o meiofauna (animales de tamaño intermedio mayores de 40 micras de largo): constituida por rotíferos, nematodos, etc.

d) Macrofauna: En esta categoría se encuentran varios grupos de invertebrados y vertebrados macroscópicos; entre los primeros encontramos a:
    d.1.1. Turbeláridos, Platelmintos (gusanos planos o "planarias").
    d.1.2. Anélidos (gusanos anillados, oligoquetos como la "lombriz de tierra").
    d.1.3. Nematodos o Nematelmintos (gusanos cilíndricos o redondos), y aunque su biomasa en el suelo

---

[18] Se recomienda la lectura de Biología del suelo de: Duque, I. y C. Lemos https://biosuelo.blogspot.com/p/mesoflora.html)

es pequeña, juegan un importantísimo papel en el mismo, ya que representan hasta el 15% de la respiración de los animales del suelo, controlan plagas de insectos, son parásitos de plantas, o bacteriófagos, micófagos, depredadores y omnívoros[19].

d.1.4. Onicóforos[20] (*Peripatus* spp., *Eoperipatus totoro*).

d.1.5. Artrópodos: son un grupo animal muy numeroso y complejo, integrado por diferentes clases, de las que en los suelos se pueden hallar representantes de las siguientes: Arácnidos (ácaros, alacrán, arañas, garrapatas); Colémbolos[21]; Crustáceos isópodos ("cochinilla de la humedad"); Insectos (larvas o adultos de: abejas, abejorros, áfidos, avispas, chinches, cigarras, cucarachas, escamas, escarabajos, grillos, hormigas, jejenes, langostas, mariposas, moscas, mosquitos, polillas, pulgones, termitas, tijerillas, trips); y Miriápodos ("ciempiés, milpiés").

d.1.6. Moluscos gasterópodos ("caracol, babosa").

d.2.1. Por otra parte, también encontramos habitantes del SubPhyllum Vertebrata o vertebrados, los que son: animales visibles a simple vista que excavan hoyos en la tierra, entre los que podemos citar, a: los anfibios o batracios (ranas y/o sapos); los reptiles (lagartijas, tortugas

---

[19] Cares, EJ., Huang, PS. En: Manual de Biología de Suelos Tropicales. Capítulo 5. Nemátodos del suelo. pp. 163-176. En: https://micrositios.inecc.gob.mx/publicaciones/libros/667/cap5.pdf
[20] López, B. 2019. Onicóforos: Características, nutrición, reproducción especies. En: https://www.lifeder.com/onicoforos/
[21] Equipo Editorial. Botanical-online. 2019. Ácaros del suelo. En: https://www.botanical-online.com/animales/acaros-suelo

y serpientes); las aves (avestruz, ñandú, kiwi, perdiz); y por último al grupo de los mamíferos (topos, musarañas, conejos, ratas, ratones, tuzas, zorros), y aunque el último de los grupos de vertebrados mencionados (como los ratones o los insectívoros) intervienen poco en la integración del suelo al que remueven al hacer grandes y complejas galerías o nidos, propician su buena aireación o inundación, a la vez que al buscar alimentarse con otros animales, mezclan los diferentes horizontes o capas del suelo22, aunque si pueden causar grandes perjuicios agronómicos (Rioja, Ruiz y Larios, 1955; Russell y Russell, 1968; Sevilla, 1977).

La función que desempeñan los organismos en el suelo es muy variable, por ejemplo, algunas algas y bacterias pueden vivir como simbiontes de leguminosas y otras plantas, en las que fijan el nitrógeno gaseoso de la atmósfera y lo convierten en nitratos asimilables por ellas. Por otra parte, otros microorganismos con respiración aerobia o

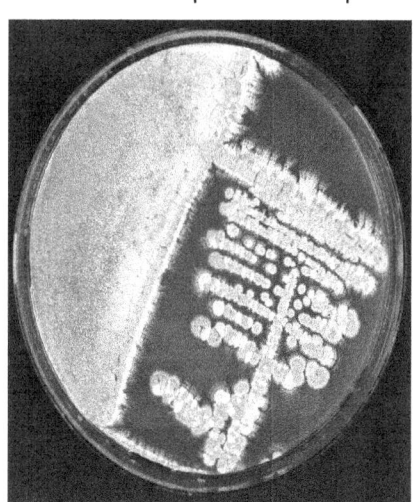

Fig. 2.6. Colonias de *Streptomyces* sp. en medio de cultivo. (Foto: Dominio público).

---

[22] Sánchez Londoño, J., Valderrama Uribe, G. 2013. Biología del Suelo. En: https://biologiadelsueloscsudea20132.wordpress.com/macrobiologia/macrofauna-del-suelo/mamiferos-pequenos/

anaerobia, no viven como simbióticos, sino que son saprófitos, es decir que sobreviven al degradar o descomponer la materia orgánica muerta (como los hongos que descomponen la celulosa, o las bacterias de la putrefacción), o bien, realizan la hidrólisis de los compuestos orgánicos liberando al suelo compuestos amoniacales y con ellos nitrógeno útil para los vegetales, por lo que hay bacterias nitrificantes y otras desnitrificantes que en conjunto juegan un importantísimo papel en el ciclo del nitrógeno. Los saprófitos juegan una importante función al descomponer el humus en componentes más sencillos y asimilables por las plantas.

Otros seres importantes son las sulfobacterias que viven en suelos calcáreos, en donde oxidan al azufre convirtiéndolo en ácido sulfúrico, que con el calcio convierten en sulfato de calcio o yeso. Otras bacterias oxidan o reducen el fierro y dan coloración al suelo, mientras que algunas realizan, entre otras, reacciones de hidrogenación o deshidrogenación (Sevilla, 1977). Un grupo importante en medicina por los compuestos que se han extraído de ellos son los actinomicetos del suelo como los del género *Streptomyces* spp. (Véase figura 2.6), de donde se obtuvo la estreptomicina y otros antibióticos de amplio espectro. Ellos intervienen en la descomposición de las hojas y la materia orgánica del suelo, y son los responsables del peculiar olor de tierra húmeda de algunos suelos. También los antibióticos que producen inhiben el crecimiento o destruyen a otros microorganismos.

Determinadas especies de hongos del suelo juegan un papel importante asociados en simbiosis con las raíces de numerosas especies de vegetales superiores (pinos, robles, orquídeas, algunas ericáceas) con las que forman micorrizas (que pueden ser de dos tipos: endo o ectomicorrizas), las que ayudan a absorber minerales del suelo, y favorecen el crecimiento del vegetal (véase figura 2.7). Muchas orquídeas dependen para sobrevivir de los hongos con los que se asocian en sus raíces.

Fig. 2.7. Micorriza. (Foto: Backpakerin, en Pixabay.com)

Los ácaros y los colémbolos propician la formación de humus ya que se alimentan de restos orgánicos a los que destruyen mecánicamente reduciendo su tamaño por lo que contribuyen a simplificarlos adecuadamente y los reintegran al medio junto con sus excrementos.

FRACCIÓN LÍQUIDA Y GASEOSA

La porción líquida o en solución del suelo está constituida por agua con diversos minerales en disolución acompañada de gases como el oxígeno y el dióxido de carbono, además de que el agua forma parte del complejo coloidal que compone al humus.

La fracción gaseosa es importante para el correcto crecimiento de los vegetales por lo que el suelo debe tener un buen drenaje, pues así entrarán fácilmente a las raíces tanto el agua como el oxígeno indispensable para su subsistencia. En un suelo mal drenado (por ejemplo, el arcilloso), el agua reemplazará al aire.

ALGUNAS PROPIEDADES FÍSICAS DEL SUELO

Textura

Aunque el suelo a simple vista parece un sólido realmente es un conjunto de componentes: sólidos, líquidos y gaseosos; la proporción de estas tres fases en un suelo ideal debería ser de: la mitad de sólidos y la parte restante estaría ocupada por huecos, los que a su vez, estarían constituidos al 50 por ciento por agua y el otro 50 por ciento por gases. En el suelo encontramos poros de

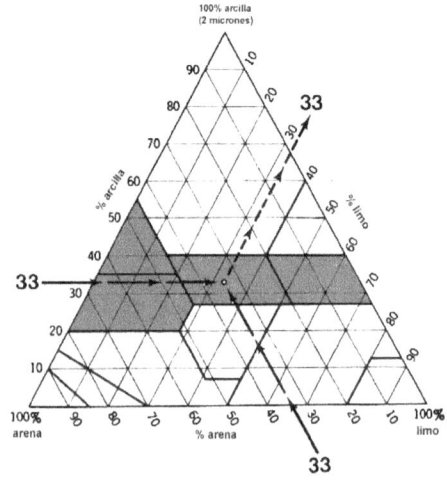

Fig. 2.7 B. Triángulo de textura del suelo.
Fuente: www.Fao.org.

diferentes tamaños, desde los visibles a simple vista y en donde pueden habitar insectos, hasta los intracapilares que separan a las micelas entre sí (Sevilla, 1977).

"La textura del suelo es una característica del mismo que depende del tamaño de las partículas que lo conforman, así por ejemplo, un suelo puede ser de textura fina o gruesa" (Russell y Russell, 1968). Por otro lado, y en opinión de los mismos autores, a la textura también se le ha considerado equivocadamente como la consistencia del suelo (ligera o pesada), propiedad que mide la cohesión entre las partículas, y aunque depende mucho de la distribución del tamaño de ellas en el suelo, deriva también de la clase de partículas presentes y las proporciones relativas de arena, limo y arcilla[23] (véase figura 2.7 B).

Según su textura se clasifica a los suelos en: arenosos, limosos, francos (migajones) y arcillosos. Algunas combinaciones, mezclas, o subgrupos texturales pueden ser, entre otros: la arena limosa, migajón arenoso, migajón, migajón limoso, arcilla limosa.

Un migajón arenoso típico (o franco arenoso), puede estar formado por 70% por ciento de arena, 20% de limo y 10% de arcilla; mientras que una arcilla limosa puede tener 35 por ciento de arena, 35% de limo y 30% de arcilla (Russell y Russell, ya citados; Hartmann y Kester, *op. cit.*).

---

[23] Para ampliar este apartado, se recomienda la lectura del *Portal de Suelos de la FAO,* disponible en la página web:
http://www.fao.org/soils-portal/soil-survey/propiedades-del-suelo/propiedades-fisicas/es/

Estructura

La estructura de un suelo se refiere a la disposición o arreglo de los agregados de las partículas de arena, limo y arcilla en la masa del suelo (véase cuadro 2.1). Un agregado natural individual de suelo recibe el nombre de "ped" en contraste con un terrón, un fragmento o una concreción.

En el campo, los grumos o terrones, se forman por la acción adherente de las partículas de arcilla, los cementos tales como algunos tipos de materia orgánica (polisacáridos y gomas), y películas precipitadas de hidróxido de hierro, y de organismos vivos. Las fuerzas que producen la estructura son la acción química, el humedecimiento, secado y el congelamiento o deshielo. Muchas unidades son reunidas por la materia orgánica del suelo, derivada de la descomposición de residuos de plantas.

Las lombrices de tierra (*Lumbricus terrestris*) son agentes importantes en la producción de una buena estructura, la transformación de la materia orgánica del suelo y en su ventilación por acción mecánica, requieren medios básicos o neutros, por lo que no toleran suelos con pH inferior a 5; revuelven todo el terreno a lo largo del tiempo, por lo que se han convertido en parte importante de una biotecnología (lombricultura, o vermicultura) que utiliza una especie domesticada[24] para reciclar materia orgánica y obtener humus de lombriz, entre otros productos. Estos animales tienen un efecto primordial en los primeros 15 centímetros del suelo, y algunos autores afirman que la cantidad de suelo que pasa a través de su sistema digestivo puede alcanzar hasta las 30 toneladas por hectárea, lo que favorece la mejor agregación del suelo.

El tipo de textura y estructura son importantes porque están estrechamente relacionados con el grado de aireación y drenaje. Por ejemplo cuando el porcentaje de huecos disminuye, el drenaje y la aireación son inadecuados (Sevilla, 1977).

Tipos de unidades estructurales [25]

a) Masiva, la masa no tiene una estructura reconocible.
b) Vesicular, la masa tiene estructura esponjosa con poros grandes que pueden o no estar rellenos con material más blando.
c) Nodular, la capa está formada en su mayor parte por nódulos cementados.
d) Laminar, la unidad cementada es de forma laminar con la dimensión vertical muy inferior a las otras dos.

---

[24]https://www.infoagro.com/abonos/lombricultura.htm; https://es.wikipedia.org/wiki/Lumbricultura
[25] Tomado de Hernández, SR. y Sánchez, CJ. 1973. pp. 58-60.

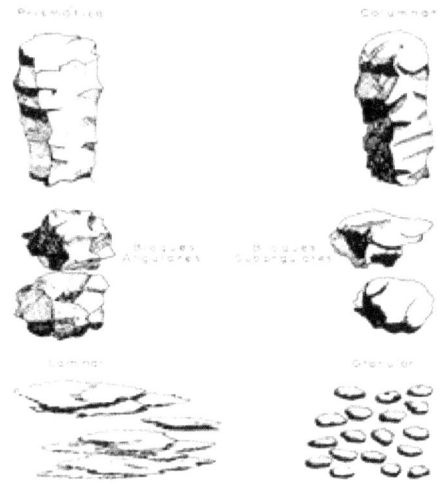

Fig. 2.8. Algunos tipos de estructura.

Otra clasificación de la estructura, es el Sistema Oxford propuesto por Nikifororoff y citado en Hernández, SR. y Sánchez, CJ. (1973) quién la divide en los siguientes tipos:

1) Laminar; 2) prismática; 3) en bloques, y 4) granular, los que a su vez pueden dividirse en cinco clases, de acuerdo al tamaño de los agregados: muy fina; fina; media; gruesa y muy gruesa (véase figura 2.8).

Introducción al Estudio de la Ecología y la Edafología

CUADRO   SISTEMA OXFORD DE CLASIFICACION DE ESTRUCTURA

Apariencia general	Definición de la apariencia	Nombre	Tamaños (cm)
Cúbica	Cubos bien definidos	Cúbica grande Cúbica mediana Cúbica pequeña	> 15 15-5 5-2.5
	Cubos mal definidos	Terronosa (A o R) grande Terronosa (A o R) media Terronosa (A o R) pequeña	15 15-5 5-2.5
	Angulares (A) Redondeados (R) Fragmentos concoidales	Amilácea grande Amilácea pequeña	> 2 < 2
	Sólidos toscamente redondeados, con buenos espacios de aire	Nuciforme grande Nuciforme media Nuciforme pequeña	2.5 2.5-1.2 1.2-0.6 0.6-0.3
	Con pocos espacios de aire	Granular grande Granular pequeño	0.3-0.1 < 0.1
	Partículas pequeñas agregadas, redondeadas toscamente con espacios de aire bien definidos en los agregados	Migajosa grande Migajosa media Migajosa pequeña Migajosa polvosa	0.9-0.6 0.6-0.3 0.3-0.1 < 0.1
Prismática	Prismas bien definidos	Prismática grande Prismática media Prismática pequeña	> 5 x 5 x H 5 x 5 x H 2.5 x 2.5 x H < 2.5 x 2.5 x H
Columnar	Prismas bien definidos con extremos superiores redondeados	Columnar grande Columnar media Columnar pequeña	Iguales a los de las estructuras prismáticas
	Columnas unidas. Series de prismas, generalmente masivos con grietas verticales amplias y horizontales angostas	Columna unida grande Columna unida media Columna unida pequeña	Establecer la altura de la columna y de la sección transversal a la parte superior y a la base
Laminar	Placas (planas) Escamas Curvadas	Laminada Placoidea Foliada Escamiforme Laminar	> 0.3H < 0.3H > 0.3H < 0.3H

Cuadro 2.1. SISTEMA OXFORD DE CLASIFICACIÓN DE ESTRUCTURA.

Reacción del suelo, el pH

El grado de acidez o alcalinidad de un suelo se expresa en términos de pH, (logaritmo negativo de la concentración del ion hidrógeno). El agua destilada pura tiene un pH de 7 (neutro); una solución alcalina o básica de sosa cáustica (NaOH) tendrá el 14, mientras que los ácidos fuertes (clorhídrico, nítrico o sulfúrico) tendrán valores cercanos al 1; por lo tanto, los suelos con valores de pH menores a 4.5 se catalogan como extremadamente ácidos, mientras que si el número es mayor a 9.5 serían en extremo alcalinos y no serían aptos para la mayoría de los cultivos. Los suelos en condiciones naturales tienden a ser ácidos (3 a 6), debido al metabolismo de los seres que habitan en éste y a la descomposición de la materia orgánica. El rango de pH deseado para los suelos orgánicos y orgánico-minerales cultivables está entre el 5 y el 6.5; así los suelos calcáreos tienen pH superior al 7 y hasta de 10; mientras que los sódicos presentan valores de entre el 7 al 9 (Piedrahíta, 2009).

El perfil de suelo

Se denomina perfil de suelo a la serie de capas u horizontes en sucesión natural desde la superficie hasta el material originario que se exhibe en una sección vertical, y comprende por lo tanto: a las capas orgánicas naturales que se encuentran sobre la superficie, el conjunto de horizontes genéticos y el material originario u otras capas subyacentes (véanse: Figura 2.1. y cuadro 2.2). Los diferentes horizontes se designan con letras mayúsculas que indican los niveles o unidades edafogénicas.

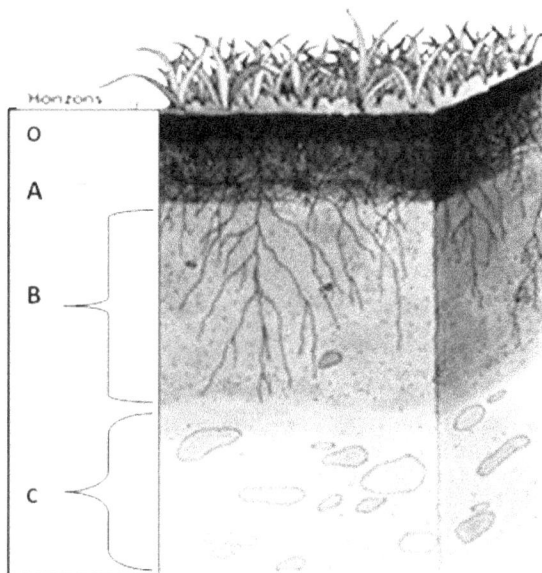

Fig. 2 1. Perfil del suelo. Ilustración del dominio público. Horizons = Horizontes: O, A, B y C; cm = centímetros.
O = espesor 0-5 cm; A = 5-25 cm; B = 25-75 cm; C= 75-120 cm. Debajo del horizonte C, puede estar la roca madre o R.

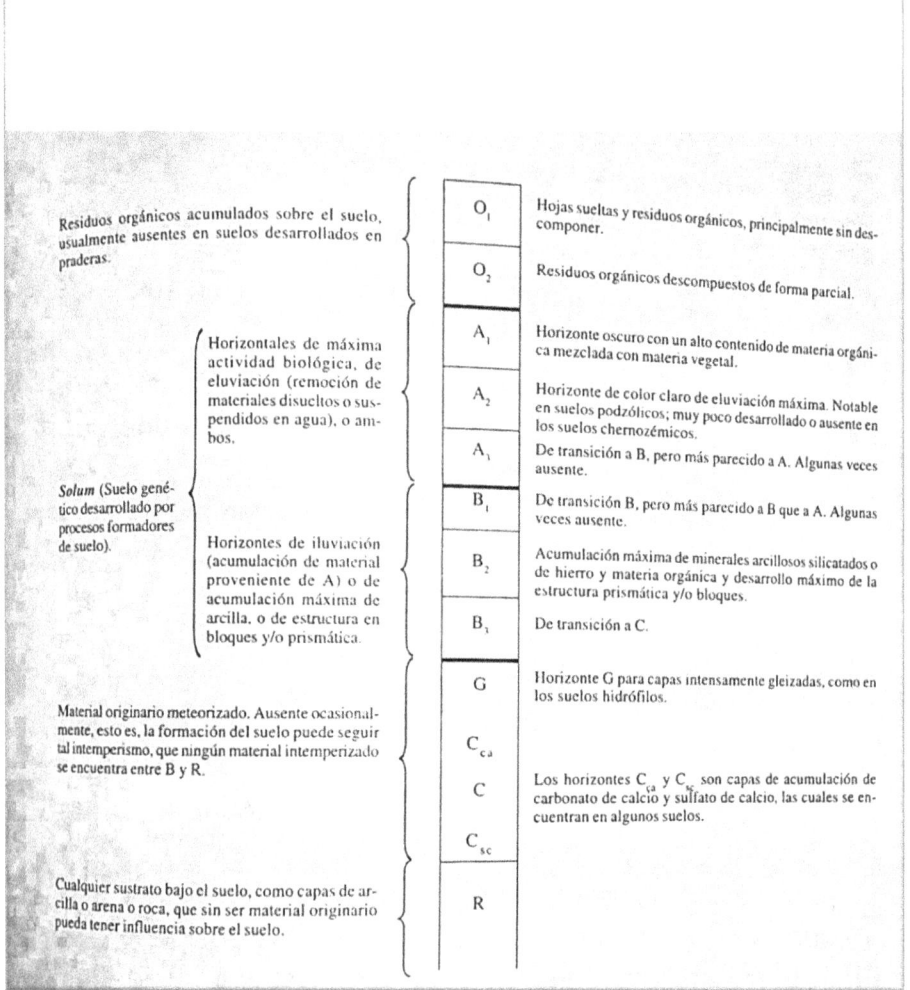

Cuadro 2.2. Perfil Hipotético del Suelo con los Principales Horizontes.
Tomado de: Hernández, SR., Sánchez, CJ. 1973.

LAS FUENTES DE ELEMENTOS NUTRITIVOS PARA LAS PLANTAS EN EL SUELO

Las plantas toman sus nutrientes (en forma de aniones y cationes) tanto del aire como del suelo para con ellos elaborar sus compuestos orgánicos mediante el proceso de fotosíntesis que se realiza en las partes verdes del vegetal. Es conveniente mencionar que en opinión de Salisbury (2000), citado por Cervantes (2014), el contenido relativo de cada elemento varía de acuerdo a la especie vegetal de que se trate, y aún dentro de la misma de acuerdo a las diferentes condiciones de cultivo y según el órgano vegetal de la misma planta.

Por su importancia fisiológica, los elementos que constituyen a los vegetales se denominan como:

a) macroelementos, macronutrientes, elementos mayores o elementos principales[26] y,

b) microelementos, micronutrientes u oligoelementos, también conocidos como elementos vestigiales o traza, debido a que son necesarios para el crecimiento de las plantas en cantidades muy pequeñas.

Los macroelementos son: carbono, oxígeno, hidrógeno, nitrógeno, fósforo, potasio, calcio, azufre, magnesio, mientras que, los microelementos son: boro,

---

[26] Su contenido se representa en las plantas en valores porcentuales, mientras que el de los elementos menores se expresan en partes por millón.

cloro, cobalto, iodo, molibdeno, hierro[27], cobre, manganeso, y zinc[28]. Más recientemente se encontró que el níquel entra en la composición de la enzima ureasa la que cataliza la reacción hidrolítica de la urea, en amonio y dióxido de carbono, por lo que es necesario (en pequeñas cantidades) para las plantas superiores, ya que interviene en el metabolismo del nitrógeno y la germinación de las semillas. Aunque a altas concentraciones se vuelve tóxico e inhibe tanto la actividad enzimática, el metabolismo y a nutrición mineral (las plantas con deficiencia de níquel acumulan urea en sus hojas y en consecuencia los extremos de ellas muestran signos de necrosis (Rodríguez, 2014).

Aunque para algunas plantas, los siguientes elementos, son benéficos en el sentido en que mejoran el crecimiento, pero no son absolutamente necesarios, y son: el sodio, aluminio, galio, silicio y el selenio. Este último, junto con el aluminio, son tóxicos para muchos vegetales, aunque en

---

27 Algunos autores consideran al hierro como macroelemento (Cervantes, 2014).
28 Los elementos: cobre, fierro, manganeso y zinc, se presentan como iones y quelatos en la solución del suelo y tienen importantes funciones en los seres vivos como coenzimas o activadores fisiológicos y forman parte de las enzimas, que son: proteínas indispensables para que las células de todos los seres vivos puedan realizar diferentes reacciones químicas dentro de sus funciones vitales (metabolismo). Hay varios grupos de ellas, dependiendo de la reacción que ayudan a realizar como catalizadoras. Fundamentalmente son proteínas (apoenzima) asociadas a una vitamina o a un metal (coenzima), y se requiere de ambas para su funcionamiento. Se recomienda ampliar este apartado mediante la lectura de cualquier texto o tratado acerca de Bioquímica.

opinión de Fassbender (ya citado), las funciones del sodio, aluminio, silicio, y el cloro como elementos nutritivos no ha sido aclarada todavía, aunque el sodio y aluminio son importantes en las características y dinámica de los suelos alcalinos y ácidos respectivamente, (Bidwell, 1979; Cronquist; Russell y Russell; Peña y Saab, ya citados).

La lista de elementos vestigiales necesarios aumentará en el futuro, conforme avancen los descubrimientos, y aunque determinados elementos no son esenciales, sin embargo son provechosos para algunas plantas, como el silicio, para las gramíneas; el sodio en determinadas familias (Quenopodiáceas) y el cobalto en las leguminosas, por lo que, faltan ensayos para determinar con precisión la utilidad y la necesidad de algunos de ellos (Cervantes, 2014).

El carbono y el oxígeno los toman las plantas terrestres a partir del bióxido de carbono, presentes respectivamente en el aire que penetra por los estomas de las hojas o de las lenticelas que se encuentran en los tallos o troncos. Mientras que las plantas acuáticas, los absorben de sus respectivas formas disueltas en agua (ácido carbónico u oxígeno libre). El último también es captado del contenido en la atmósfera por las mismas vías aéreas, aunque también lo absorben las raíces del aire contenido en el suelo; mientras que el hidrógeno será tomado a partir de la descomposición del agua o hidrólisis[29].

---

[29]Se llama hidrólisis a la reacción química entre una molécula de agua y otra de una macromolécula, en donde la primera se divide en H^+ y OH^- y sus átomos forman una unión química de otro tipo. De igual modo, el término significa

La absorción de los demás nutrientes requeridos la hacen por medio de sus raíces, a partir de los compuestos tales como: carbonatos, sulfatos, nitratos, fosfatos, cloruros, ioduros, etc. presentes en la solución acuosa circundante, o -probablemente con mayor dificultad-, directamente de las partículas del suelo en las cuales han estado adsorbidos.

Generalidades de la fisiología de los elementos nutritivos para las plantas.

La nutrición mineral

Los nutrientes inorgánicos desempeñan funciones primordiales para las células, tales como la regulación de la ósmosis, afectan la permeabilidad celular, y forman parte de su estructura, entran en la composición de metabolitos indispensables e intervienen en la formación de las enzimas y/o son un requisito para la activación de éstas últimas o sea intervienen como coenzimas (Raven, ya citado).

Los principales elementos químicos requeridos por los vegetales, algunos conocidos desde el siglo XV, gracias a los experimentos del médico y alquimista flamenco, Jan Baptist van Helmont en 1648, quién comprobó que las plantas no se nutrían sólo de la parte sólida del suelo. En

---

destrucción, descomposición o alteración de una sustancia por acción del agua. Aunque también se aplica a las reacciones de cationes con el agua para producir un álcali o base débil, véase *https://www.ecured.cu/*Hidrólisis

el año de 1796, Jan Ingenhousz, destacado médico y botánico holandés, descubridor del proceso de la fotosíntesis, llegó a la conclusión de que las plantas utilizan el anhídrido carbónico (CO_2), y desprenden oxígeno. En 1804, De Saussure realiza los primeros experimentos cuantitativos con plantas, comprobando que los vegetales requerían minerales como elementos esenciales, y determinó la composición de los mismos mediante el análisis de las cenizas obtenidas por incineración de las plantas, aprovechando las ventajas de los métodos cuantitativos ideados por el genial Lavoisier. Justus Von Liebig quien en opinión de algunos autores, es el padre de la química agrícola, en 1840, comprueba que las plantas sintetizan compuestos orgánicos a partir del CO_2 y del amoniaco contenidos en el aire; y del suelo, los compuestos precursores del nitrógeno. Sostuvo que la fertilidad del suelo se debía principalmente a que las plantas consumían de él, solamente las sales minerales solubles y fue el primero en fertilizar la tierra con abonos químicos y no naturales.

Fig. 2.9. Invernadero con hidroponía.

Ya en nuestra época, uno de los avances técnicos más importantes en el estudio de nutrición mineral es el surgimiento de los denominados cuartos o cámaras de crecimiento (véase figura 2.9.). En la actualidad es posible realizar series de experimentos bajo condiciones controladas y fácilmente repetibles (Rincón y Huante, 1989).

Elementos esenciales

El carbono, hidrógeno y oxígeno, son los tres elementos indispensables para formar las moléculas orgánicas más sencillas que elaboran todos los vegetales, y que son las denominadas como: carbohidratos, azúcares, o glúcidos simples. Con los mismos tres elementos (C, H y O), ellos sintetizan también, las grasas, ceras y aceites, las que se agrupan bajo la denominación química de lípidos simples.

A partir de las triosas (que son los azúcares más simples) y adicionándoles nitrógeno y en algunos casos también azufre, se obtienen los 20 aminoácidos[30], con los que se elaboran las proteínas y los ácidos nucleicos. Con los azúcares, lípidos, y proteínas las plantas al igual que los animales sintetizan su material celular o protoplasma.

Los macronutrientes

Nitrógeno: "Constituye casi el 4% del peso de la mayoría de los vegetales" (Peña y Saab, 1974), es esencial

---

[30] Aunque algunos autores consideran que son 21, al incluir en ellos la cistina o dicisteína.

para el desarrollo de todos los seres vivos. Se absorbe por la raíz como anión nitrato (NO^{3-}) o anión amonio (NH^{4+}) dependiendo de la especie vegetal y las condiciones ambientales. El nitrato es reducido hasta el nivel de amina (–NH2), la que se emplea en la síntesis de los aminoácidos.

Produce el oscurecimiento del color verde de las hojas, y las mantiene así por más tiempo, alargando el periodo de crecimiento y retrasando el proceso de maduración, y como antes se mencionó, entra en la composición de todas las proteínas y por consiguiente del material protoplásmico; ejemplo fundamental para los vegetales de una proteína, es la clorofila (con estructura de anillo porfirínico y núcleo con magnesio). Otros compuestos nitrogenados son los ácidos nucleicos, las hormonas de crecimiento, las vitaminas (como las del complejo B), y en las moléculas que intervienen en los sistemas de energía de las plantas como los nucleótidos tales como: el adenosin-tri-fosfato (ATP) el adenosin-di-fosfato (ADP), la nicotinamida-adenin-dinucleótido (NAD), y nicotinamida-adenin-dinucleótido-fosfato (NADP); las enzimas del grupo de los citocromos; así como también el nitrógeno constituye entre otros, a los alcaloides, grupo de substancias de notable importancia farmacológica.

Su carencia en el suelo ocasiona la falta de crecimiento de las plantas y el signo más evidente es el amarillamiento o clorosis de las hojas debido a la disminución del contenido de clorofila, aunque algunas especies muestran coloración púrpura en tallos, peciolos y en el haz de las hojas inferiores debido a la acumulación de antocianinas.

Los nitratos solubles del suelo se pierden debido a su lavado o lixiviación hacia los horizontes o capas más profundas por un drenaje rápido, por lo que tienen que ser vueltos a reincorporar ya sea en forma natural (con humus, estiércol o abono orgánico, abono verde como "la alfalfa", composta o abono casero) o artificial con fertilizantes o abonos químicos (urea, amoniaco, sulfato de amonio, etc.). También se pierde nitrógeno por la erosión, o los incendios que destruyen las capas superficiales. Por ello son muy importantes los microorganismos (bacterias como *Rhizobium* spp.) que viven asociados con plantas como las de la familia de las leguminosas, como el frijol, chícharo, haba, lenteja, y la soya, entre otras; con las que forman nódulos simbióticos en donde fijan el gas nitrógeno (véase figura 2.10.) y lo transforman en nitratos solubles indispensables para los vegetales y a la vez enriquecen el suelo donde crecen (Raven, 1992), esto explica la ancestral sabiduría popular que recomienda sembrar frijol junto con el maíz (gramínea no simbiótica), con el fin de obtener dos alimentos y empobrecer al mínimo los suelos

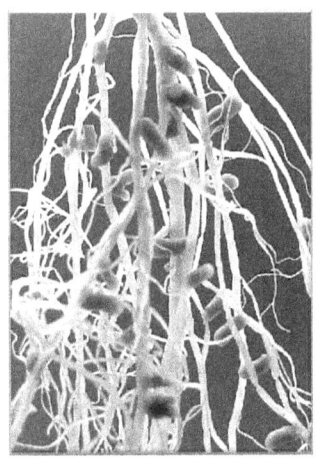

Fig.2.10. Nódulos simbióticos en raíz. (Foto: Dominio público)

de cultivo[31] que muestran a menudo, un continuo descenso en el contenido de nitrógeno, el que junto con el fósforo (P_2O_5) y potasio (K_2O), son los tres elementos que más se proporcionan a los cultivos comerciales con los fertilizantes, ya que son los que se consumen en mayor cantidad.

Otras bacterias no simbióticas pero saprófitas habitantes del suelo, son las de los géneros: *Azotobacter*[32] y *Clostridium*, la primera de hábito aerobio, mientras que la segunda es anaerobia, fijan nitrógeno al suelo; lo mismo hacen las cianobacterias y las algas cianofíceas. Cuando no hay oxígeno libre (o sea, en condición de anaerobiosis) en el suelo, algunos microorganismos reducen el nitrógeno a su forma volátil o gas nitrógeno (N_2), y óxido nitroso (N_2O), los que vuelven y se diseminan en la atmósfera, este proceso de reducción se denomina desnitrificación. Por otra parte, el agua de lluvia aporta pequeñas cantidades de nitrógeno (fijado por los rayos en las tormentas) en forma de amonio, y también óxidos de nitrógeno de la atmósfera al suelo.

Fósforo: es uno de los tres elementos nitrógeno, potasio y fósforo, que se encuentran por lo común en cantidades

---

[31] Teofrasto (siglo III a.C.) escribió que los griegos utilizaban cultivos de haba (*Vicia faba*), con el fin de enriquecer los suelos (Raven, *op. cit.*).

[32] Por ejemplo *Azotobacter vinelandii*, véase: Espin, G. Biología del género *Azotobacter* en http://www.biblioweb.tic.unam.mx/libros/microbios/Cap6/

marcadamente pequeñas en el suelo limitando el crecimiento de las plantas, razón por la cual, entra en la composición de la mayoría de los fertilizantes[33] que se añaden en forma adicional para la obtención de cultivos en forma comercial. Su deficiencia está muy extendida en el mundo. Más de la mitad de los suelos de los trópicos son tienen un pH ácido y son deficientes en calcio, fósforo, potasio y otros nutrientes, aunado a que el fósforo en esos suelos se combina con el hierro o el aluminio formando compuestos insolubles que no son asimilables por los vegetales.

El fósforo es un constituyente esencial de ácidos nucleicos y de nucleoproteínas, participa en la reproducción celular y por consiguiente en el desarrollo de los tejidos meristemáticos. Entra en la composición de compuestos orgánicos en donde la célula "almacena" energía, como el adenosin-tri-fosfato o ATP el cual al desdoblarse enzimáticamente en adenosin-di-fosfato o ADP, libera la energía contenida en el enlace que se rompió, más una molécula de ácido fosfórico.

El fósforo participa así en un gran número de reacciones enzimáticas que dependen de la fosforilación[34] como la respiración por ejemplo, transfiriendo energía a la célula a partir de la digestión de los alimentos y el oxígeno al ATP, compuesto que también interviene en la

---

[33]Un fertilizante natural, rico en fósforo es el guano o estiércol de aves marinas, aunque también se emplea el de aves de corral o gallinaza, ambos aportan numerosos nutrientes.

[34] La fosforilación es la adición de un grupo fosfato a una molécula.

fotosíntesis.

Las plantas absorben este elemento casi exclusivamente como iones fosfato inorgánicos, probablemente como iones ortofosfato (H_3PO_4)-. Los vegetales con deficiencia de este elemento presentan las hojas con color verde oscuro, pero crecen lentamente y se retrasa su maduración; sus flores y frutos se desarrollan escasamente o no se desarrollan

La función que desempeñan el nitrógeno y el fósforo en el metabolismo es algo antagónica, de tal manera que un suministro excesivo de uno, ocasiona una deficiencia relativa del otro (Cronquist, 1969).

Una gran parte de fósforo se encuentra en sedimentos marinos a gran profundidad, aunque la corteza terrestre es su principal reserva y los hongos que conforman asociaciones simbióticas denominadas micorrizas con las raíces de muchas plantas les proporcionan a los vegetales superiores aportes sustanciales de fosfatos, que de otra manera les serían inaccesibles (Raven, ya citado). El fósforo se pierde con la erosión del suelo, y acompaña a las aguas residuales que son vertidas en los ríos y que llegan al mar, las que contribuyen al fenómeno denominado eutrofización, (un tipo de contaminación química) de los cuerpos de agua como lagos, lagunas, y ríos, en donde los excesivos contenidos de nutrientes como: nitrógeno, fosfatos y materia orgánica, entre otros, procedentes de las aguas residuales, propician un desarrollo desmesurado de algas, que altera los equilibrios entre las poblaciones y contaminan dichos ecosistemas. El fósforo proviene en gran medida de los detergentes empleados doméstica o industrialmente.

Potasio: Elemento indispensable para los seres vivos, descubierto y nombrado así por Davy en el año 1807; quién lo obtuvo después de quemar madera en una vasija *potash* o vasija-cenizas (Choppin y Summerlin, 1985). Interviene en el metabolismo vegetal (activador de enzimas en los meristemos; actúa en la síntesis de glúcidos como el almidón y en la de las proteínas); regula la apertura de los estomas. A nivel celular participa en la turgencia y el mantenimiento del potencial osmótico celular; es un estabilizador del pH de las células; e interviene en la formación de aceites y en el desarrollo y crecimiento; por lo que, se encuentra en zonas de meristemos los que son áreas constituidas por tejidos con reproducción celular y por tanto, consideradas como zonas de crecimiento como brotes o yemas (Peña y Saab, 1974), (Cronquist, *op. cit.*; Martínez, 2009), probablemente interviene como coenzima en la síntesis de los aminoácidos y las proteínas a partir de los iones amonio, "pues los tejidos de las plantas que crecen en soluciones con mucho amonio y poco potasio pueden morir por la elevada concentración de iones amonio que acumulan en estas condiciones" (Richards, 1941. En: Russell y Russell, *op. cit.*). Puede ser que también intervenga en los procesos fotosintéticos, ya que el nitrógeno hace descender el contenido de azúcar, mientras que el potasio lo incrementa y el fosfato no tiene efecto. "En ausencia del potasio, el crecimiento es longitudinal en las células, pero no existe la reproducción de ellas" (Peña y Saab, ya citados).

El estudio de los efectos generales de su deficiencia se complica, ya que se relaciona con la concentración en los tejidos de la planta de otros elementos como el sodio y el calcio. Se añade potasio en los abonos inorgánicos ya que actúa como corrector de los efectos perjudiciales del nitrógeno y es por consiguiente requerido por aquellos cultivos que reciben elevadas dosis de abonos nitrogenados.

Los sembradíos difieren en la respuesta a su aplicación. Su exceso en el suelo es perjudicial, ya que reduce de modo considerable la absorción de otros cationes que puede absorber la cosecha y puede conducir a deficiencias inducidas de otros cationes.

Calcio: está relacionado también con el metabolismo del nitrógeno, por lo que hay una estrecha relación entre el requerimiento de ambos por parte de las plantas, cuando éstas consumen una gran cantidad de nitrógeno, forman abundante cantidad de proteínas, la cual entraña una alta producción de ácido oxálico, que por ende, requerirá de calcio para neutralizar ese exceso de ácido.

El calcio neutraliza y precipita los ácidos orgánicos, por lo que se le añade al suelo en forma de hidróxido de calcio ("cal apagada"). A nivel celular, forma parte de la estructura fibrosa de las plantas (se encuentra en la laminilla media que forma parte de la pared celular y es la estructura que mantiene unidas a células adyacentes y está compuesta por pectato de calcio). Este elemento, abunda en los suelos con afloramientos de la roca sedimentaria caliza y también fue aislado por Davy. Es esencial para el crecimiento de los meristemos y el desarrollo y funcionamiento radicular. Su deficiencia en la planta puede ocasionar un efecto indirecto de acumulación de substancias que disminuyan su vigor o la dañen realmente y le causen marchitez precoz de los puntos vegetativos. Por lo tanto, una buena provisión de calcio, ayuda a neutralizar los indeseables efectos de una distribución desequilibrada en el suelo de los elementos nutritivos, como por ejemplo, una alta proporción del mismo en el suelo como sucede en los suelos calizos, deprime la absorción de magnesio y de potasio, por lo que este tipo de tierras requerirán fuertes aportes de abono potásico (Choppin; Cronquist; Peña y Saab y Russell y Russell, *op. cit.*).

La presencia del carbonato de calcio en el terreno, permite clasificar a las plantas en calcícolas o calcifitas[35] (afines al calcio o que toleran su presencia; y las que se pueden clasificar en: a) francamente calcícolas; b) probablemente calcícolas; c) preferentemente calcícolas; o calcífugas (las que no crecen si está presente en cantidad abundante). Cuando el campo carece de este elemento por completo las arcillas floculadas son lavadas o arrastradas por la lluvia perdiéndose las sales solubles, empobreciendo al suelo rápidamente, de allí la costumbre de agregar cal

---

[35] Véase: Rzedowski, J. 1986.

(óxido o hidróxido de calcio) a los mismos (Sevilla, 1977).

Magnesio: este elemento al igual que los dos anteriores también fue aislado por Sir Humphrey Davy en 1808, desempeña diferentes funciones en los vegetales, es el componente central del núcleo de la molécula de la clorofila (la que es una porfirina magnésica), aunque también es indispensable en las plantas carentes de ese pigmento verde, entra en la composición de la pectina, interviene en el metabolismo del fósforo o en el transporte del fosfato y actúa en forma de coenzima (o cofactor) en ciertas reacciones enzimáticas esenciales (como las de la respiración, fotosíntesis y la síntesis de los ácidos: desoxirribonucleico (ADN) y ribonucleico (ARN). Se acumula en las semillas de especies ricas en aceites u oleaginosas como: el cacahuate, la nuez, los pistaches, el piñón, girasol y las almendras, etc. Su deficiencia ocurre en suelos arenosos ácidos los que a su vez, carecen también de calcio; aunque también puede ser una deficiencia inducida por la fertilización desequilibrada, por la adición excesiva de fertilizantes potásicos bajo la forma de sulfatos, o aun por cloruro de sodio (Vogel, 1974; Martínez, 2009).

Azufre: Es esencial en la formación de sulfolípidos y proteínas, ya que se encuentra en la composición de tres aminoácidos: cisteína, cistina[36] y metionina, así como en otros compuestos con actividad biológica, como el glutatión, la biotina, la tiamina y la coenzima A. También es importante en la formación de puentes disulfuro (S-S), involucrados en la composición y estabilización de la estructura terciaria de las proteínas.

Se encuentra en forma de sulfatos (de calcio o $CaSO_4$; de sodio o Na_2SO_4; y magnesio o $MgSO_4$) en la fracción mineral del suelo. Cuando están en exceso, sobre todo el de calcio, originan suelos yesosos o selenitosos, los que presentan pobre desarrollo de vegetación (por ejemplo, matorrales). Están con frecuencia en zonas áridas y son muy estresantes para la vida vegetal. A las plantas que los habitan se les conoce como gipsófitas o gipsófilas y en ellas se han apreciado hongos con los que viven en simbiosis, los cuales les forman las micorrizas, que son muy importantes para su sobrevivencia. "Los suelos con alto contenido en yeso afectan el balance de nutrientes y reducen la disponibilidad de algunos de los más esenciales como el fósforo y nitrógeno" (Muries, 2016).

El azufre también se puede encontrar como azufre elemental o flor de azufre", o de sulfuros de hierro (FeS, FeS_2, conocidos también como pirita u "oro de tontos") que no son disponibles para las plantas. Numerosos microorganismos del suelo son capaces de oxidar el azufre o los sulfuros a sulfato, e hidrolizar los compuestos

---

[36]Es el aminoácido resultante de la unión de 2 moléculas de cisteína por los átomos de azufre, y se llama también dicisteína o ácido L-di-β-tio- α-aminopropiónico.

orgánicos del azufre que acaso constituyan una buena parte de éste de los suelos más fértiles (Bidwell, 1979).

Su deficiencia raramente ocurre en la naturaleza, aunque se descubrió que su carencia provoca la falta de crecimiento de la planta o enanismo debido a la imposibilidad de formar proteínas. Ocasiona también la enfermedad "amarillamiento del té" que se caracteriza por una clorosis general y dicha coloración de las hojas, que se inicia en las más jóvenes (Sevilla; Peña y Saab, *op. cit.*).

Micronutrientes

Hierro: Es el micronutriente más requerido en cantidad que ningún otro de este grupo de oligoelementos, e indispensable para el crecimiento y desarrollo de los vegetales. Se encuentra en algunas de las enzimas esenciales para la respiración (en el sitio catalítico de muchas oxido-reductasas). También está presente en enzimas oxidantes como la catalasa y la peroxidasa, en los citocromos de la cadena transportadora de electrones y en la ferredoxina.

Es fijado en las hojas viejas y no obstante no entrar en la composición química de la clorofila, su ausencia inhibe su formación y provoca clorosis en las hojas jóvenes, en particular en terrenos calizos o fuertemente calcáreos, aunque no todos ellos inducen clorosis, ni todas las especies vegetales reaccionan con igual intensidad a esta alteración.

La clorosis por deficiencia de hierro puede ser también inducida por una carencia de potasio y por un excesivo abonado con fosfatos en suelos neutros o calizos. También se presenta en tierras abundantes en zinc y ocasionalmente, en los ricos en cobre, cobalto, cromo, plomo y manganeso utilizables. Por lo tanto, el exceso de otros minerales puede causar deficiencia en hierro por precipitación de éste en formas inaprovechables. Así mismo puede ocurrir toxicidad por este elemento si los suelos se vuelven fuertemente ácidos, al agregarles cloruro férrico (Bidwell; Cronquist; Peña y Saab; y Russell y Russell; Vogel, *op. cit.*).

Manganeso: A este elemento, se le involucra mucho en el metabolismo catalítico, ya que es el metal asociado a algunas enzimas respiratorias, aunque también muy probablemente se asocie en ocasiones con el hierro, en otras enzimas formadoras de proteínas. Participa como activador de varias enzimas, por ejemplo: durante la fotosíntesis, en la hidrólisis del agua, en la serie de reacciones que concluyen en la liberación de electrones y oxígeno, en la síntesis de la tirosina y sus derivados como las ligninas, flavonoides, y la hormona o auxina ácido indol acético (AIA). Forma parte de la estructura de los cloroplastos, los que se tornan susceptibles a la luz en su ausencia y finalmente se desintegran al carecer totalmente de manganeso.

No se conocen en su totalidad todos los factores que gobiernan la accesibilidad de este elemento del suelo. Es probable que solo el ion manganeso bivalente (Mn^{2+}) pueda ser utilizado por la planta y que cuanto mayor sea la acidez del terreno, mayor será su accesibilidad, lo que también permite que se acumule en gran cantidad en el vegetal, convirtiéndose entonces en elemento tóxico, para algunos cultivos. Su deficiencia ocasiona manchas necróticas sobre las hojas y necrosis en los cotiledones de plántulas de leguminosas, mientras que su exceso en algunos frutales induce la formación de abundante callosa[37] y las células reaccionan auto-necrosándose. La formación de yemas axilares tipo escoba de bruja, permite soportar la hipótesis de que existe una relación antagónica entre el manganeso y las auxinas (Bidwell; Russell y Russell; Vogel, *op. cit.*; Rodríguez, s/f.).

Zinc: Es un componente de miles de proteínas vegetales, sin embargo es tóxico en exceso. Este elemento como el manganeso, acelera o reduce la velocidad de la actividad de las enzimas, de las que es el único metal presente en todas sus seis clases o tipos. Es un activador obligado de enzimas tan importantes como la deshidrogenasa del ácido láctico, ácido glutámico, alcohol y pirimidin-nucleótido. También parece intervenir en la síntesis de proteínas.

---

[37]También escrita como calosa, es un polisacárido vegetal descrito por Fisher, en las células de los vasos cribosos del floema (tejido conductor de la savia elaborada) como resultado de un daño mecánico (Calosa - Wikipedia, la enciclopedia libre).

Tiene relación directa con la síntesis del ácido indolacético (una hormona del crecimiento), y como tal su carencia puede producir plantas atrofiadas y enanas, con pobre desarrollo de la dominancia de la zona apical. Las vacuolas de las células epidérmicas de las hojas, las paredes celulares y el citoplasma lo contienen en mayor proporción, y puede encontrarse en el vegetal como Zn^{2+} libre, o como zinc ligado a proteínas, aminoácidos, nucleótidos, o lípido-ligandos de baja afinidad o compartamentalizado dentro de los organelos.

Las diferentes especies vegetales difieren en su capacidad para extraer zinc del terreno, las malezas parecen ser mejores acumuladores de este elemento que las plantas cultivadas, y él se presenta en 3 formas en el suelo: 1) en la fracción soluble orgánica o iónica, 2) adsorbido y de forma intercambiable en partículas de arcilla, y compuestos de humus con hidróxidos de aluminio y hierro, o bien, 3) en forma de complejos minerales de zinc insolubles.

El zinc es débilmente retenido en los suelos y mostró un efecto promotor del crecimiento y mayor producción de biomasa en cultivos, ya que posiblemente esté involucrado en la biosíntesis de hormonas vegetales (citoquininas y giberelinas), así como en la inducción de mayor actividad de enzimas antioxidantes (Broadley, 2007; Méndez-Argüello, 2016).

Cobre: Este elemento desempeña funciones catalíticas o de catabolismo; o sea la parte del metabolismo en donde los procesos químicos son fundamentalmente en sentido de descomponer moléculas complejas para formar compuestos más simples; por ejemplo, para transformar y obtener de ellas energía, como sucede en la respiración.

En las plantas, es constituyente de las enzimas, polifenol-oxidasa, y ácido ascórbico-oxidasa. También está presente en la plastocianina, un compuesto importante del sistema transportador de electrones de la fotosíntesis. Su deficiencia causa necrosis en las hojas y las muestra como marchitas y de color obscuro. Las hojas se enrollan progresivamente y se tornan blancas en las puntas. Un contenido de cobre menor a 4 partes por millón en suelos australianos produce en los borregos (carneros) la enfermedad denominada ataxia enzoótica.

Molibdeno: Se presenta en el suelo como un oxicomplejo (MoO_4^{2-}), se adsorbe a los sesquióxidos y minerales de arcilla de la misma manera que el fosfato. Una fracción de este elemento está presente en forma orgánica.

Con la mineralización de la materia orgánica ésta forma se vuelve útil y disponible para los vegetales. El molibdeno se absorbe como molibdato por las plantas lo que puede reducirse por la competencia que le hace el radical SO_{2-}, mientras que los iones fosfato (PO_4) mejoran su absorción. Este elemento interviene en la reducción de nitratos y fijación del nitrógeno, ya que las plantas, en un medio sin él, pero en presencia de nitratos, los acumulan en sus tejidos, por lo que el molibdeno parece ser un elemento esencial para la enzima que facilita la reducción de los nitratos. También las leguminosas son incapaces de fijar nitrógeno cuando escasea el molibdeno, y todos los organismos fijadores de nitrógeno (bacterias y algas verdiazules), requieren de molibdeno para realizar este proceso, que consiste en fijar los gases nitrógeno y oxígeno atmosféricos y convertirlos en nitratos (NO_3^-), asimilables (Mengel, 2000).

Boro: No se ha identificado con precisión su función, aunque se ha demostrado su papel en la biosíntesis y la lignificación de la pared celular, en la plenitud de la membrana plasmática o celular y su elongación, también está involucrado en: la síntesis de proteínas y ácidos nucleicos, el transporte de azúcares y las respuestas hormonales, recientemente se le implicó en la formación del tubo polínico, en la fertilidad del polen, además promueve el desarrollo apical en el tallo y raíz con la fabricación y regulación de las hormonas como las auxinas.

El crecimiento, el transporte y absorción de los azúcares se reduce mucho en su ausencia. Su deficiencia ocasiona la muerte de los meristemos y el aborto de las flores. En la mayoría de los suelos del mundo se presenta deficiencia de este elemento, sobre todo en suelos calcáreos o en los que contienen alto contenido en arcilla (Castellanos, 2015; Bidwell; Martínez, *op. cit.*). El bórax o borato de sodio es muy abundante en las áreas volcánicas, lo que las hace inútiles para el cultivo (Sevilla, *op. cit.*).

Cloro: Es absorbido por las plantas en forma de ion cloruro, su función en las plantas no es del todo conocida, aunque se conoce que interviene en: la fotosíntesis, el ajuste de la ósmosis, y la supresión de enfermedades. En su ausencia las plantas se marchitan, las raíces se atrofian y se reduce la producción de frutos; aunque lo más común es su exceso en los suelos (que lo vuelven tóxico), y entonces los síntomas son muy semejantes a los producidos por la deficiencia de potasio. Interviene en la apertura de los estomas lo que afecta las relaciones hídricas. Los cloruros amónico y de potasio empleados como fertilizantes aportan suficiente cantidad de cloro al suelo. Este elemento se pierde del suelo fácilmente por lavado o lixiviación, se absorbe por las raíces aunque también puede ser absorbido por las partes aéreas de la planta como gases de cloruro o cloro (Bidwell, *op. cit.*; Mengel, 2000; Sela, 2017).

Cobalto: Su concentración media en la corteza terrestre es de 23 partes por millón, en términos de abundancia relativa es el número 32 de todos los elementos y el 19 de los elementos traza o microelementos. Su contenido total en el suelo depende mucho de la roca madre, y se encuentra principalmente en forma no asimilable, por lo que su concentración suele ser baja, o sea de entre 1 a 300 partes por millón. Muchos factores como el pH, van a condicionar su disponibilidad para los vegetales, mientras el pH baje comenzarán a ser más asimilables, el cobalto, manganeso y níquel (Pérez, 1997). Muchos sistemas simbióticos fijadores del nitrógeno (entre los que se encuentran las leguminosas con la bacteria *Rhizobium* spp. y algunas algas verdi-azuladas o cianofíceas) son incapaces de subsistir en ausencia de cobalto, de molibdeno o de nitrógeno (Bidwell, y Pérez, *op. cit.*).

El cobalto entra en la composición de la leghemoglobina que es segregada por los nódulos de las leguminosas y aunque no se ha comprobado su necesidad para las plantas (es benéfico para muchas de ellas), sí lo es para los animales, ya que es un componente de la vitamina B_{12}, o cianocobalamina, y de otros compuestos afines a ella, que son requeridos en el metabolismo. Áreas deficientes de este elemento en el suelo se presentan en numerosas regiones del mundo, entre otras en las que forman a los siguientes países: Sudáfrica, Gran Bretaña, Canadá, Australia y Nueva Zelanda, ente otros (Dios, 1956). Además este elemento juega un papel estimulante de la microflora de la rizosfera de plantas como el tabaco, creando un microambiente alrededor del sistema radicular, donde se acumulan derivados de materiales orgánicos con un gradual cambio de los iones metálicos a formas de elevado peso molecular de cobalto, manganeso y zinc (Pérez, 1997).

El cobre, cobalto, zinc y plomo pueden inducir deficiencias de hierro en el campo y en soluciones nutrientes, mientras que el exceso de dichos metales puede reducir el desarrollo de algunas plantas, con diferentes efectos sobre sus hojas, la carencia de cobre en las plantas que crecen en suelos pobres en ese elemento, provoca enfermedades en los animales (Dios, 1956).

Sodio: Tiene funciones aún no bien definidas en relación a los potenciales osmóticos, teniendo un efecto positivo en el régimen hídrico de las plantas y un efecto favorable en su crecimiento cuando el suministro de potasio no es el adecuado; aunque existe discrepancia con relación a la necesidad o no de este elemento para los vegetales, aún para las especies conocidas como halófitas, las que son las que crecen en suelos sódicos o alcalinos (suelos con altos contenidos de sodio o potasio con un pH superior a 8.5) y con color obscuro. En ellos, por hidrólisis, se producen hidróxidos de sodio o potasio (NaOH o KOH), los cuales son en extremo cáusticos y corrosivos para el humus y los tejidos vivos. Se demostró recientemente que es el sodio se requiere para las plantas que realizan la fotosíntesis C_4, y tienen la anatomía de Kranz.

Un buen número de especies comestibles y forrajeras y por tanto con importancia económica, pueden desarrollarse en suelos salinos, y, por lo que pueden denominarse como halófitas facultativas. Los límites de salinidad varían para las diferentes especies, (Daubenmire; Bidwell; Mengel; Russell y Russell, *op. cit.*).

Silicio: Es el segundo elemento más abundante en la litósfera después del oxígeno, y está presente en casi todos los minerales (Mengel, *op. cit.*), los suelos ácidos tienden a contener concentraciones más altas de silicio en la solución de suelo. La forma en que se absorbe por las plantas es el ácido monosilícico ($SiOH_4$). Parece ser que este metaloide no es requerido para el metabolismo vegetal, sin embargo, el abonado de suelos con silicato de sodio puede incrementar los rendimientos de las cosechas de plantas que crecen en suelos deficientes en fosfato, ya que los silicatos aumentan la asimilación del ácido fosfórico por la planta.

El añadir silicatos al suelo reduce la toxicidad del hierro y el manganeso, tal vez, por la precipitación de esos elementos (Bidwell; Russell y Russell; *op. cit.*). Este elemento se acumula en algunas gramíneas, pudiendo ser tóxico para el hombre.

Se deposita en las plantas en las células epidérmicas externas como silicio amorfo o como fitolitos opalinos con formas definidas y puede estar asociado con los componentes de la pared celular como sílice o como silicio covalente unido a las pectinas, y también está en las paredes celulares del xilema. En opinión de Mengel (ya citado), parece ser que los vegetales se pueden dividir entre los que acumulan silicio y los que no lo hacen, encontrándose a las gramíneas de suelos inundables, los equisetos y las pináceas, como las que lo acumulan (hasta el 10% de SiO_2 en la materia seca); mientras que entre las que no lo acumulan se encuentran: la mayoría de las dicotiledóneas, incluyendo las leguminosas con cantidades menores del 0.5 a 1% de SiO_2.

El sodio, sílice y cobalto, estimulan el crecimiento vegetal, sin ser esenciales o lo son, solo para determinadas familias o especies, por lo que se consideran como elementos benéficos (Rincón y Huante, 1989).

Selenio: En opinión de Bidwell (*op. cit.*), este mineral se comporta en algunas plantas como reemplazante del azufre, ya que en ellas se forman aminoácidos que lo contienen, en forma semejante a la cisteína y la metionina, los que inhiben la síntesis o las propiedades catalíticas de las proteínas. Ciertos vegetales como la crucífera (familia botánica ahora denominada *Brassicaceae*) *Stanleya elata*, tienen una tolerancia considerable hacia este elemento, o incluso una necesidad de él, y su presencia indica un alto nivel en el suelo. No obstante que este elemento es importante (a concentraciones muy bajas) en la nutrición animal, ya que su deficiencia resulta en el padecimiento denominado enfermedad del músculo blanco, así como en la pérdida de pelo y plumas; resulta tóxico y aún mortal, para el ganado que se alimenta con las plantas que lo acumulan, como algunas de la familia de las leguminosas, como *Astragalus* spp. ("garbancillo"), y *Oxytropis* spp. (Cronquist; Mengel, *op. cit.*).

PRINCIPALES TIPOS DE SUELOS DE LA REPÚBLICA MEXICANA

A continuación se presenta un mapa de México (Tomado con autorización del Instituto Nacional de Estadística Geografía e Informática, de su obra Datos Básicos de la Geografía de México, 1991) donde se muestran los 15 tipos de suelo preponderantes en la república, clasificados de acuerdo al sistema propuesto por FAO y UNESCO en 1970, con algunas modificaciones que lo adaptan a las condiciones del país. Se cita: su denominación, abreviatura, descripción general y principales características de la vegetación natural que hay en ellos, cada tipo de suelo puede presentar diferentes subgrupos de acuerdo a características propias.

Introducción al Estudio de la Ecología y la Edafología

Mapa 3. Principales tipos de suelos de la República Mexicana.

Adaptado con modificación del Mapa II.3.b. En: Instituto Nacional de Estadística, Geografía e Informática. Datos Básicos de la Geografía de México. Publicaciones INEGI. 1991. p. 65.

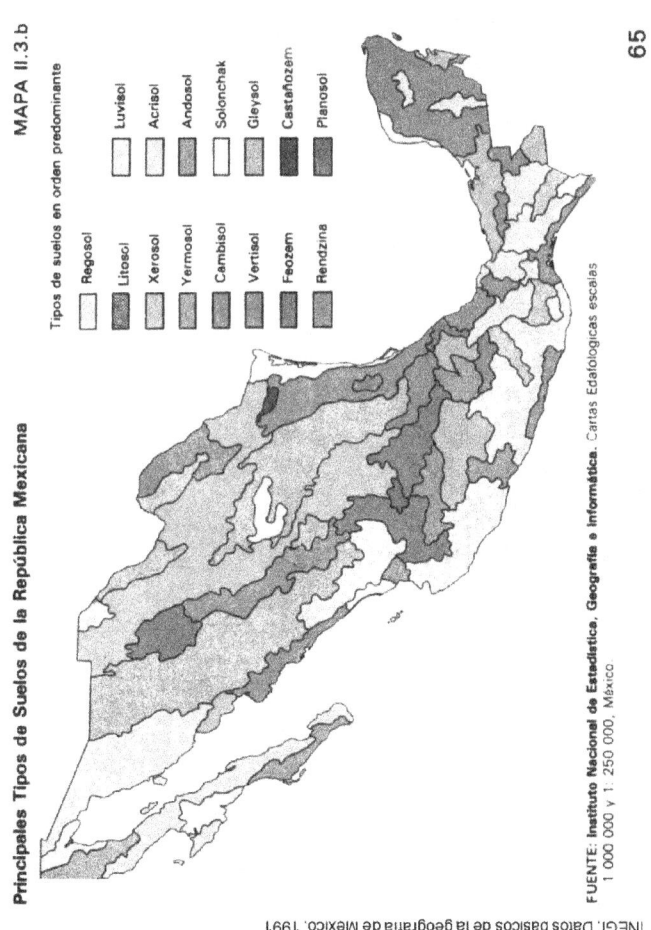

133

1. Regosol (R), del griego: *rheros*: manto, cobija. Relativo a la capa de material suelto que cubre la roca. Suelos poco desarrollados, generalmente constituidos por material suelto que es muy semejante a la roca de la cual se forma. Soporta cualquier tipo de vegetación natural la que varía según sea el clima del lugar. Algunos sustentan pastizales cultivados e inducidos, agricultura de temporal y en determinadas zonas de nuestro país, bosques de pino, y vegetación secundaria de selva baja caducifolia. Es el tipo de suelo preponderante en el país.

2. Litosol (I), del griego: *lithos*: piedra y *solum*: suelo. Suelo de piedra. Son delgados de espesor menor a 10 cm y descansan inmediatamente sobre un estrato duro y continuo, tal como roca, "tepetate o caliche". No son aptos para cultivos de ningún tipo, aunque soporta cualquier tipo de vegetación natural la que varía según sea el clima del lugar. Es el segundo tipo de suelo más abundante en México y comúnmente está asociado al regosol.

3. Xerosol (X), del griego: *xeros*: seco, suelo de zona seca o árida, que contienen poca materia orgánica. La capa superficial es clara, debajo de ella puede haber acumulación de minerales arcillosos y/o sales, con carbonatos y sulfatos. La vegetación natural que presenta son: matorrales y pastizales.

Está restringido a las zonas áridas y semiáridas del centro y norte y es el tercer tipo de suelo mexicano.

4. Yermosol (Y), del español: "Yermo: desértico, desolado". Suelo de zonas muy secas o desérticas sin materia orgánica. Semejante a los xerosoles, de los que difieren sólo en el contenido de materia orgánica en el horizonte superficial. Soporta matorrales o pastizales, y en algunas zonas carece casi en su totalidad de vegetación.

5. Cambisol (B), del latín: *cambiare*: cambiar. Es decir es un suelo que cambia. Son de color claro, con cambios en su estructura debido a los fenómenos de intemperización, por lo que es similar al material madre que lo originó. Y dependiendo del clima, puede soportar varios tipos de vegetación (desde matorral, pastizal, bosque o selva).

6. Vertisol (V), del latín: *verto*: voltear, son suelos muy arcillosos, que se revuelven y autoabonan, y son ricos en arcillas expansibles, por lo que presentan grietas muy anchas y profundas, y son muy duros cuando están deshidratados. Por el contrario, cuando se encuentran húmedos son muy pegajosos y de drenaje deficiente. Es un suelo agrícola muy productivo siempre y cuando se controle la cantidad de agua para que no se inunden. Sobre ellos puede

haber diferente tipo de vegetación como en el ejemplo antes mencionado.

7. Feozem (H), del griego: *phaeo*: pardo y del ruso *zemlja*: tierra; tierra parda. Suelos naturalmente muy fértiles, cuya superficie es de color oscuro, ricos en materias orgánicas y nutrientes y con suave densidad, producen buenas cosechas. Sobre ellos puede haber diferente tipo de vegetación. Pastizales cultivados y vegetación secundaria.

8. Rendzina (E), su nombre es de origen polaco, son suelos profundos y pegajosos, que se encuentran sobre rocas de tipo calizas. Tienen color oscuro, generalmente poco profundos (10 a 50 cm). Sobre ellos puede haber diferente tipo de vegetación. Presentan alta fertilidad en actividades agropecuarias, con cultivos de raíces someras propios de las regiones donde se encuentran.

9. Luvisol (L), del latín: *luvi, luo*; lavar; suelo lavado. Presentan un contenido de bases (hidróxidos) de mediano a alto, y debido al lavado y a la formación en el lugar, acumulan en el subsuelo arcillas. Su color varía dependiendo del clima, son rojizos en el trópico, mientras que en las zonas templadas son amarillentos. Son muy propensos a la erosión. Y pueden mantener a bosques, selvas o pastizales.

10. Acrisol (A), del latín: *acris:* agrio, ácido. Son suelos ácidos, semejantes al luvisol, pero diferentes de estos por la acidez que presentan en el subsuelo ocasionada por un lavado más acelerado y la rápida formación de minerales arcillosos en el sitio. Son muy propensos a la erosión y pobres en nutrientes. De acuerdo al clima del lugar, pueden presentar bosque o selva.

11. Andosol (T), su nombre proviene del japonés: *en:* oscuro y *do:* tierra; tierra negra. Son suelos derivados de cenizas volcánicas recientes, muy ligeros y con alta capacidad de retenciones hídricas y nutrientes. Altamente susceptibles a la erosión, presentan fuerte retención o fijación de fósforo, que lo hace de difícil absorción por los vegetales, y les ocasiona problemas en su crecimiento. Su capa superficial es de color oscuro, y por lo general el subsuelo es de color más claro. Pueden destinarse a explotación forestal, o soportan selvas, de acuerdo al clima.

12. Solonchak (Z), del ruso: *sol;* sal: literalmente son suelos salinos. Presentan horizonte sálico o con alto contenido en sales en alguna de sus capas o en todo su esposar debido a la fuerte evaporación a la que están sometidos, lo que los hace impropios para actividades agrícolas si no son sometidos a lavado intenso, soportan pastizales o especies resistentes a la salinidad.

13. Gleysol (G), Del ruso: *gley*: pantanoso, cenagoso. Suelo pantanoso. Permanece saturado de agua la mayor parte del año lo que ocasiona que desprenda mal olor (principalmente debido al azufre)- Presenta diversa coloración, la que puede ser: azul, verde grisácea, o exhibe manchas de diferente tonalidad. La vegetación que soportan puede ser: manglar, popal, tular, o pastizal. Algunos subgrupos de este tipo de suelo son muy fértiles, los que con obras de drenaje pueden destinarse a actividades agropecuarias.

14. Castañosem (K), Del latín: *castaneo*: castaño; tierra castaña. Con una capa superior de color pardo o rojizo oscuro debida a la materia orgánica, el subsuelo con acumulación de material calcáreo o de yeso. Son altamente productivos. Tiene matorrales o pastizales.

15. Planosol (W), Del latín: *planus*: plano, llano. Connotativa de suelos por lo general, desarrollados en sitios de topografía plana o con depresiones mal drenadas, de zonas semiáridas o templadas. Presentan un horizonte álbico (de color claro), gleyizado intermitentemente, sobre un horizonte permeable dentro de una profundidad de 125 centímetros. Aptos para el cultivo de pastos (praticultura).

Por otra parte, una clasificación de los suelos del mundo y el mapa correspondiente a México y Centroamérica realizada por la Organización de las Naciones Unidas para la Agricultura y la Alimentación (FAO, por sus siglas en inglés), se puede apreciar en la página web: http://www.fao.org/fileadmin/user_upload/soils/docs/Soil_map_FAOUNESCO/acrobat/Mexico_and_Central_America_III.pdf

IMPORTANCIA DE LA CONSERVACIÓN DEL SUELO

La Humanidad perecería si la tierra se agotara. "El uso agronómico de la tierra debe ser de tal naturaleza que no sólo se conserve la fertilidad del suelo, sino que se permita legar a las generaciones del futuro un patrimonio de campos más productivos y más perdurables que los heredados por las del presente" (H. Bennett, en Person *et al.* 1948).

"La mayor parte de la gente solo piensa que el suelo es aquello que pisamos y en todo caso, además, que es el soporte de las plantas y cumple otras funciones, pero quizás no reparen en que precisamente posibilita que las plantas sean lo que él mismo les permite ser. Los suelos son vida y que no habría vida sin suelos. Todo ello debe desatar actitudes de respeto y protección de los suelos. Estoy convencido de que su conocimiento nos hará más humanos, aunque solo sea porque humano procede humus y este de la tierra." (Mataix-Beneyto, J., citado por: Mataix-Solera, J. en: Porta, J. 2019).

Entre los principales problemas de conservación de los suelos se encuentran: el problema de erosión que causa el agua. La sobreexplotación del terreno causada fundamentalmente por el monocultivo o el sobrepastoreo y sus consecuentes pérdida de cubierta vegetal y compactación del terreno, hasta conducir a la desertización o desertificación (el último término no es correcto en castellano aunque en ocasiones se use como sinónimo para desertización), la que equivale al "proceso de acrecentamiento de los desiertos por causas naturales, y disminución o destrucción del potencial biológico de la tierra y que puede desembocar en definitiva en condiciones de tipo desierto; y que constituye un aspecto del deterioro generalizado de los ecosistemas y que ha reducido o liquidado el potencial biológico; es decir, la producción vegetal y animal con múltiples fines. Hay que hacer hincapié en que la desertificación es principalmente incrementada por actividades humanas" (Parra, 1978).

Es conveniente recordar ahora respecto al tema de conservación de la fertilidad del suelo el mandato escrito en el Antiguo Testamento (La Torá), en el Libro Tercero de Moisés llamado Levítico (*Vayqra* en hebreo), Capítulo XXV: 3-4 "seis años sembrarás tu campo, y seis años podarás tu viña y recogerás su producto; más en el año séptimo la tierra tendrá descanso absoluto,…, no sembrarás tu campo, ni podarás tu viña".

La desertización puede ir desde la pérdida paulatina de la vegetación original ocasionada por la deforestación o tala inmoderada (véase figura 2.11.), hasta su substitución por otras plantas que son menos exigentes y más adaptables a las nuevas condiciones y que se convierten en indicadoras de perturbación. En general estas especies provienen de zonas áridas o semiáridas.

Fig.2.11. Tala inmoderada. Foto: Hans Braxmeir. Pixabay.com

El grado de daño al suelo, puede llegar hasta la pérdida total de sus componentes fértiles y de la capa vegetal que soporta y convertir al área en una zona de dunas, en un erial o yermo sin vegetación (véase figura 2.12.).

Fig. 2.12. Dunas de arena en Marruecos.
Foto: Zack Woolwine en Unsplash.com

2.13. Erosión. Foto: Dominio público, Pixnio.com.

Otro mecanismo para llegar a la desertización es la ocasionada por la erosión hídrica y la eólica, la primera de ellas o "erosión fluvial es el trabajo de las aguas corrientes sobre la superficie del globo terrestre. Es también llamada erosión normal por los geómorfólogos; y los geólogos la llaman erosión natural o geológica". Soto (*op. cit.*). Ver Fig.2.13.

La erosión eólica es la debida a las fuertes corrientes de viento, las que al no verse detenidas por la vegetación arrastran las partículas de limo, arcilla y hasta la arena, depositándolas en otro sitio (suelos transportados), dejando al descubierto el material madre o roca original, a la que también van desgastando (véase figura 2.14.).

Fig.2.14. Roca arenisca-sedimentaria.
Foto: Dominio público. Pixnio.com

No hay que confundir los procesos naturales de formación de un suelo por los agentes erosivos, los que en condiciones normales pueden ser: las variaciones de temperatura, la disgregación, hielo y deshielo, y descomposición química, y a la que se puede llamar erosión elemental, con los procesos de erosión en donde interviene el hombre y acelera este trabajo destructivo del material rocoso.

LA CONTAMINACIÓN DE LOS SUELOS POR LA ACTIVIDAD HUMANA

"El preservar el medio ambiente y la salud es el compromiso que el hombre debe realizar para disminuir el impacto y el riesgo de un deterioro cada día más latente"
Kai Curry-Lindahl (1974).

A manera de ejemplo y como complemento a los propósitos de este libro, se tratará en forma breve la contaminación por metales pesados provenientes de suelo y agua y su acumulación donde se realizan actividades mineras.

Se denomina "metal pesado a cualquier elemento químico metálico que tenga una relativa alta densidad y sea tóxico o venenoso en concentraciones incluso muy bajas"; los que pueden ser: el arsénico, cadmio, cromo, mercurio, plomo, talio, etc. (Prieto y cols., 2009), los que son peligrosos porque presentan la tendencia a bioacumularse en diferentes cultivos, es decir, a incrementar su concentración en un ser vivo en un plazo de tiempo, comparada a la concentración de dicho producto en el ambiente. Las substancias pueden penetrar a los organismos por diferentes vías: por los nutrientes que ingieren, o a través del aire y el agua.

Las plantas como se mencionó en páginas previas absorben por su raíz algunos minerales y metales, como: el aluminio, calcio, hierro, magnesio, manganeso, potasio, silicio, sodio, etc., mientras que entre los metales pesados están: el cadmio, el cobre, el cromo, el mercurio, la plata, el plomo, y el zinc; los que en altas concentraciones son tóxicos para los seres vivos, no obstante, algunos de los cuales son esenciales para la nutrición vegetal como el manganeso. Pasado cierto umbral de concentración ellos se vuelven tóxicos. Como el boro, cobalto, cobre, cromo, fierro, manganeso, molibdeno, níquel, selenio, zinc y el metaloide arsénico.

Los que se convierten en altamente tóxicos ya que tienen la facultad de concentrarse en los seres vivos (bioacumularse) son los siguientes elementos: antimonio, bismuto, cadmio, estaño, mercurio, plomo y talio (García y Dorronsoro, 2005, citado en Prieto, *op. cit.*). Ellos pueden inhibir o bloquear la actividad de los sistemas enzimáticos, formando por ejemplo: enlaces entre el metal y los grupos sulfhidrilo (-SH) en sus proteínas, ocasionando daños irreversibles a los organismos (véase Prieto y cols. 2009).

González (2008) refiere la existencia de áreas de la República de Chile cercanas a minas y fundiciones de metales que están contaminadas con elementos ecotóxicos tales como, los metales pesados: arsénico, cadmio, cobre, y plomo, entre otros. En dichas zonas la mayoría de las plantas no viven, pero ellos hallaron 22 especies de plantas hiperacumuladoras que son útiles en los procesos de fitoextracción de metales en suelos contaminados por la actividad del hombre.

A dichas especies vegetales se les llamó metalofitas, ya que son capaces de crecer (de forma endémica, ya que sólo habitan en esas áreas) en sitios contaminados, mientras que otras especies comunes forman poblaciones tolerantes, a las que se denominó como pseudometalofitas. Dentro del primer grupo se aprecia un grupo más reducido denominado hiperacumuladoras, las que son grupos de metalofitas capaces de concentrar metales como el cobre en su biomasa aérea, entre las que están las denominadas científicamente: *Argemone subfusiformis, Cenchrus echinatus, Dactylium* sp., *Erygeron berterianum, Mimulus luteus* var. *variegatus, Mullinum spinosum, Nolana divaricata,* y *Oenothera affinis.*

En otros países se encontró a la hierba *Centaurea* sp. que acumula níquel, mientras que en El Congo, se aisló a *Aeollanthus subacaulis* var. *ericoides*, como hiperacumuladora de cobalto (González *et al.* 2008).

A MANERA DE CONCLUSIÓN

A lo largo del tiempo la especie humana es la criatura que más crisis y daño ha ocasionado al planeta (que es el único a la fecha habitable por él), al alterar los ecosistemas y destruir el hábitat del que depende. Es indispensable e improrrogable conservar los ecosistemas y proteger la naturaleza, conocer y comprender las interacciones entre los seres vivos y el medio que los rodea. El hombre tiene la obligación moral de cuidar los recursos naturales sabiamente (sin sobreexplotarlos) para que perduren para las próximas generaciones, y dado que algunos de ellos son insustituibles evitar su contaminación de la que en mayor parte, él es el responsable.

El suelo es un recurso natural no renovable a escala humana ya que se requiere de miles o aún milenios de años para su formación. La interacción de todos los factores ecológicos: físicos, químicos y biológicos, tales como: clima, precipitación, suelo, topografía, latitud, altitud sobre el nivel del mar, tipo de ecosistema o asociación biológica donde se desarrolla determinada especie, van a influir sobre la producción cuali y cuantitativa de toda su biomasa, y por citar solo un ejemplo, la de los principios activos que elabora, o sea, de las substancias que ella fabrica y por la(s) cual(es) les son atribuidos valor económico.

En especial, el factor suelo, es un limitante para el desarrollo de muchas especies que son selectivas para su desarrollo, algunas toleran pH alcalino mientras que la mayoría prefieren terrenos con carácter ácido; otras resisten la salinidad o algún grado de desecación, por lo que no hay recomendaciones generales con respecto al suelo y todas las especies con valor económico.

Aquí es donde interviene la mano del hombre mediante la fitotecnia, y dentro de ella, las prácticas de domesticación y cultivo. Un ejemplo que ilustra lo antes referido son los ensayos llevados a cabo durante la Segunda Guerra Mundial para buscar substitutos para el hule natural en especies distintas a las fuentes tradicionales (las que son *Hevea brazilensis* y *Castilloa elastica)*, como *Parthenium argentatum* (guayule), el cual produce buen porcentaje de látex sólo en condiciones de poca humedad ambiental y no bajo riego como se le sometió durante la experimentación agronómica para buscar que elevara su producción de látex.

Queda aún mucho por estudiar e investigar en los campos que de forma breve e introductoria fueron tratados en esta obra. Sobre todo en el área educativa y la formación de conciencia ambiental aún estamos muy lejos de "conservar para sobrevivir", y dado que el hombre sólo conserva lo que quiere, debemos procurar enseñar a las generaciones más jóvenes el amor al planeta, ya que sólo "conservaremos lo que amamos". Ojalá que esta pequeña obra contribuya de alguna manera a ese propósito.

José Waizel Bucay.

México, 2021.

BIBLIOGRAFÍA

Aguilera, HN. 1975. *Práctica # 3." Identificación de rocas de interés edáfico".* En: Prácticas de Edafología. Doctorado. Edición mimeografiada. Facultad de Ciencias, Universidad Nacional Autónoma de México. México, D.F.

Anónimo. S/f. *Manual de conservación de Suelos. Publicación TC-243.* Secretaría de Agricultura de los Estados Unidos de América. Ed. de la Oficina Central de Traducciones. Secretaría de Estado de los E. U., Washington, D. C., U. S. A. p.1.

Beltrán, E., Rioja, E., Alcaraz, JR., Ruíz, OM., Miranda, F., Larios. I. 1967. *Biología. (Segundo Curso).* ECLALSA. México. pp. 243-258.

Bidwell, SGR. 1979. *Fisiología Vegetal.* A.G.T. Editor, México, pp. 202-204, 360, 403-404, 455, 459.

Broadley, RM., White, JP., Hammond, PJ., Zelko, I., Lux, A. 2007. *Zinc in Plants.* New Phytologist. 173: 677–702.

Cares, EJ., Huang, PS. *Capítulo 5. Nematodos del suelo.* En: Moreira, MSF (edit.) 2012. Manual de Biología de Suelos Tropicales. Instituto Nacional de Ecología, México. pp. 163-176. Disponible en: https://micrositios.inecc.gob.mx/publicaciones/libros/667/cap5.pdf

Castellanos, ZJ. 2015. *El Boro (B), en la nutrición de los cultivos.* Disponible en: http://agriculturers.com/el-boro-b-en-la-nutricion-de-los-cultivos/

Cervantes, HJ. 2014. *Efecto de la Carencia de Macro Elementos Nutritivos en el Crecimiento Inicial y Síntomas de Deficiencia en Caoba (Swietenla macrophylla King.) En Pucallpa.* Tesis Para Optar el Titulo De: Ingeniero Forestal. Pucallpa, Perú.

Choppin, RG., Summerlin, LR. 1985. *Química.* Cultural. México. p. 465.

Comisión para el conocimiento y uso de la biodiversidad (Conabio). 1996. Sistema de Información Geográfica. México.

Conabio (Comisión para el conocimiento y uso de la biodiversidad). 2014. *Bosques mesófilos de montaña de México.* En: https://www.gob.mx/conabio/prensa/bosques-mesofilos-de-montana-de-mexico?idiom=es

Conabio (Comisión para el conocimiento y uso de la biodiversidad). 2019. *Ecosistemas de México* en: https://www.biodiversidad.gob.mx/ecosistemas/ecosismex

Congreso de la Unión. 1988. *Ley General Del Equilibrio Ecológico y Protección Al Ambiente de los Estados Unidos Mexicanos.* 1988. Artículos 3º y 101. México, D. F.

Cronquist, A.1969. *Introducción a la Botánica.* Continental, México. pp. 421-424, 591, 716.

Cruz, AA., Handal Silva, Ha., Villarreal Espino Barros, AO. López Reyes, L., Cantú Montemayor, B., López, PA., Camacho Rico, F. 2011. *Introducción.* En: *La Biodiversidad en Puebla. Estudio de Estado.* Comisión Nacional para el Conocimiento y Uso de la Biodiversidad (CONABIO), Gobierno del Estado de Puebla y, Benemérita Universidad Autónoma de Puebla. pp. 16.

Cruz, UBS. 1979. *Terminología y conceptos en Ecología, el Ecosistema: Estructura y Función.* En: Cruz, UBS., Arechavaleta, HIY. 1979. *Textos de Biología.* Edición del Colegio de Ciencias y Humanidades U.N.A.M., México. pp. 101-115.

Curry-Lindahl, K. 1974. *Conservar para sobrevivir: una estrategia ecológica.* Diana. México. 413 pp.

Daubenmire, FR. 1996. *Ecología vegetal. Tratado de Autoecología de Plantas.* Limusa-Noriega, México. 496

pp.

Dios, R., Portela, J. 1956. *Distribución de los Elementos minerales del suelo y su absorción por las plantas. I. Contenido en microconstituyentes de algunas zonas de la provincia de Pontevedra asociadas a deficiencias de Cobalto. Anales de Edafología y Fisiología Vegetal.* 15(5): 385-412. Disponible en: https://digital.csic.es/bitstream/10261/60690/5/Dios_Di stribucion_elementos...pdf

Equipo Editorial. Botanical-online. 2019. *Ácaros del suelo.* Disponible en: https://www.botanical-online.com/animales/acaros-suelo

Fassbender, WH. 1975. *Química de Suelos con énfasis en suelos de América Latina. Instituto Interamericano de Ciencias Agrícolas de la OEA.* Turrialba, Costa Rica. pp. 1-7.

Fontúrbel, FE., Achá, D., Mondaca, DA. 2007. *Manual de Introducción a la Botánica.* 2ª. Ed. Publicaciones Integrales, La Paz, Bolivia. 252 pp.

García-Pelayo, GR. 1983. *Pequeño Larousse Ilustrado.* Larousse. México, D.F. p. 963.

Gómez-Nava, M. del S. 1970. *Microorganismos asociados con "damping-off" en plántulas de Dioscorea composita* Hemsl. *Boletín Técnico # 36.* Instituto Nacional de Investigaciones Forestales. Secretaría de Agricultura y Ganadería. México. 14 pp.

González, GI., Fernández, AA., Segura, PL. 1988. *Ecología 1.* Serie Temas Básicos. Área Biología. Trillas, México. 54 pp.

González, I., Muena, V., Cisternas, M., Neaman, A. 2008. *Acumulación de cobre en una comunidad vegetal afectada por contaminación minera en el valle de Puchuncaví, Chile central. Revista Chilena de Historia Natural.* 81: 279-291. Disponible en: https://scielo.conicyt.cl/scielo.php?pid=S0716-

078X2008000200010&script=sci_arttext
González, MF. 2003. *Las comunidades Vegetales de México*. Secretaría del Medio Ambiente y Recursos Naturales (México).

González-Molina, P. 2018. Elementos abióticos, bióticos y antrópicos. UF0732. Editorial Tutor Formación. Logroño (La Rioja). España. 152 pp.

Gutiérrez, RRM. 1970. *Efecto del parasitismo del muérdago enano (Arceuthobium* spp.*) sobre el desarrollo en grosor del fuste de Pinus montezumae* Lamb. *y P. hartwegii* Lindl.*, en el cerro "telapon", estado de México. Boletín Técnico # 34.* Instituto Nacional de Investigaciones Forestales. Secretaría de Agricultura y Ganadería. México. 16 pp.

Hartmann, TH., Kester, DE. 1995. *Propagación de Plantas, Principios y Prácticas*. Continental, México. p. 43.

Hernández, SR., Sánchez, CJ. 1973. *Guía para la descripción y muestreo de suelos de áreas forestales. Boletín Divulgativo # 32.* Instituto Nacional de Investigaciones Forestales. México, 87 pp.

Hilgard, WE. 1921. Soils. *Their formation, properties, composition, and relations to climate and plant growth in the humid and arid regions.* Macmillan, London. p. xxiii.

Instituto Nacional de Estadística, Geografía e Informática (INEGI). 1991. *Datos Básicos de la Geografía de México*. Publicaciones INEGI. Aguascalientes, Ags. México. pp. 37-50; 65, 105-125.

López, B. 2019. *Onicóforos: Características, nutrición, reproducción especies*. Disponible en: https://www.lifeder.com/onicoforos/

Martínez, FE., Sarmiento, J., Fischer, G., Jiménez, F. 2009. *Síntomas de deficiencia de macronutrientes y boro en plantas de uchuva (Physalis peruviana* L.*). Agronomía*

Colombiana 27(2): 169-178.
Martínez, PM. 1979. *Hábitat y Nicho Ecológico*. En: Cruz, UBS., Arechavaleta, HIY. 1979. *Textos de Biología*. Edición del Colegio de Ciencias y Humanidades, U.N.A.M., México. pp. 95-100.
Martínez, SU. 1996. *Alelopatía. Alephzero 6.* (Journal of Science & Education). Universidad de las Américas. Puebla, Pue. México.
Méndez-Argüello, B., Vera-Reyes, I., Mendoza-Mendoza, E., García-Cerda, LA., Puente-Urbina, BA., & Lira-Saldívar, RH. 2016. *Growth promotion of Capsicum annuum plants by zinc oxide nanoparticles. Nova scientia.* 8(17): 140-156. Disponible en: http://www.scielo.org.mx/scielo.php?script=sci_arttext&pid=S2007-07052016000200140&lng=es&tlng=en.
Mengel, K., Kirkby, AE. 2000. *Principios de Nutrición Vegetal*. Instituto Internacional del Potasio. Basilea, Suiza. 608 pp.
Mike, J. Swift, JM., Bignell, ED., Moreira, MSF., Jeroen Huising, E. Capítulo 1. *El inventario de la biodiversidad biológica del suelo: conceptos y guía general*. pp. 29-52. En: Moreira, MSF (edit.) 2012. Manual de Biología de Suelos Tropicales. Instituto Nacional de Ecología, México. Disponible en: http://www2.inecc.gob.mx/publicaciones2/libros/667/cap1.pdf
Mittermeier, AR., Goettsch de Mittermeier, C. 1992. *La Importancia de la Diversidad Biológica de México*. En: Sarukhán, KJ., Dirzo, R. (comp.) México ante los retos de la Biodiversidad. Comisión Nacional para el Conocimiento y Uso de la Biodiversidad (CONABIO), México. pp. 63- 73.
Montes de Oca, M. 1989. *Topografía*. Alfa Omega, México. p. 1.
Muries, BE. 2016. *Estudio sobre la Colonización de*

Hongos Micorrícicos Arbusculares en Especies Vegetales Presentes en Ecosistemas de Yeso. Universidad Miguel Hernández, España. Disponible en: http://dspace.umh.es/bitstream/11000/3585/1/TFG%20 Muries%20Berenguer,%20Esther.pdf

Nason, A. 1969. *Biología.* Limusa-Wiley, México. pp. 219-244.

Obieta, MC. Sarukhán, KJ. 1981. *Estructura y composición de la vegetación herbácea de un bosque uniespecífico de Pinus hartwegii*, I. Estructura y composición florística. *Boletín Sociedad Botánica de México. 41*: 75-127.

Parra, HH. 1978. *Conferencia de las Naciones Unidas sobre la desertificación. Nairobi, Kenia.* sept. 1977. *Ciencia Forestal* (Méx.) 3, (15): 21-35.

Peña, AH., Saab, HJ. 1974. *Experimentación sobre el cultivo comercial* de *Lycopersicum esculentum (tomate) y Capsicum frutescens (chile), en soluciones nutritivas (Hidroponía).* Tesis profesional. Facultad de Química, U.N.A.M. México. pp. 8-9.

Pérez, EA. 1997. *Dinámica y Efectos del Cobalto en el Sistema-Suelo-Planta.* Tesis Doctoral. Facultad de Ciencias. Universidad de Alicante, España. 433 pp.

Person, SH., Coil, EJ., Beal, RT. 1948? *Las Pequeñas Fuentes Fluviales. Publicación TC-244.* Oficina Central de Traducciones. Secretaría de Estado de los Estados Unidos de América. Washington, D. C., 113 pp.

Piedrahíta, O. 2009. *Acidez del suelo.* En página web: http://nuprec.com/Nuprec_Sp_archivos/Literatura/Acid ez%20del%20Suelo/Fuentes%20y%20efectos.pdf

Porta, J., López-Acevedo, M., Poch, R. M. 2019. *Edafología. Uso y protección de suelos.* Madrid. Mundi-Prensa.

Prieto MJ., González, RAC., Román, GDA., Prieto, GF. 2009. *Contaminación y Fitotoxicidad en Plantas por*

Metales Pesados Provenientes de Suelos y Agua. Tropical and Subtropical Agroecosystems. 10: 29 – 44. Disponible en: https://scielo.conicyt.cl/scielo.php?pid=S0716-078X2008000200010&script=sci_arttext

Ratray, TG. 1964. *La Ciencia de la Vida*. Labor, México. pp. 91, 266, 359.

Raven, HP., Evert, FR., Eichhorn, ES. 1992. *Biología de las Plantas*. Reverté. Barcelona. 402 pp.

Red de desarrollo sostenible (R.D.S.). 1997. Instituto Nacional De Ecología (I.N.E.). México, D.F.

Rodríguez-Acosta, M. 2011. *Diversidad de Especies Vegetales*. En: Cruz, AA., *et al.* pp. 120-121. En: *La Biodiversidad en Puebla. Estudio de Estado.* Comisión Nacional para el Conocimiento y Uso de la Biodiversidad (CONABIO). 2011. La Biodiversidad en Puebla: Estudio de Estado. México. Comisión Nacional para el Conocimiento y Uso de la Biodiversidad, Gobierno del Estado de Puebla, Benemérita Universidad Autónoma de Puebla. México.

Rincón, E., Huante, P, 1989. *Nutrición Mineral. Bol. Soc. Bot. México.* 49:7-17.

Rioja, LBE., Ruíz, OM., Larios, ELR.1955; *Tratado Elemental de Zoología*. ECLAL-Porrúa, México, 737 pp.

Rodríguez, M., Morales, V. s/f. *Toxicidad por Manganeso en Huertos de Mango Haden en Venezuela*. Informaciones Agronómicas.56: 9-11. Disponible en: www.ipni.net/publication/ia-lahp/

Rodríguez, NF. 2014. El níquel, esencial para la absorción del nitrógeno. Engormix. Disponible en: https://www.engormix.com/agricultura/articulos/niquel-esencial-absorcion-nitrogeno-t31340.htm

Rosenberg, M. 1999. *Temperate, Torrid & Frigid Zones*. Disponible en :

http://geography.about.com/library/weekly/aa011899.htm

Rosenberg, M. 2005. *Köppen Climate Map.* Disponible en: http://geography.about.com/library/weekly/aa011700a.htm

Ruíz, OM., Nieto, RD., Larios, RI. 1958. *Tratado Elemental de Botánica.* Editoriales: ECLAL y Porrúa, S. A. México. pp. 679-692.

Russell, JE., Russell, EW. 1968. *Las condiciones del Suelo y el Crecimiento de las plantas.* Aguilar, Madrid, España. pp. 166-227.

Rzedowski, J. 1986. *Las Plantas Calcícolas (incluyendo una Gipsófita) del Valle de México, y sus Ligas con la Erosión Edáfica. Biotropica.18 (1): 12-15.*

Sachs, DJ., Mellinger, DA., Gallup, LJ. 2000. *The Geography of Poverty and Wealth. Center for international development.* Harvard University. Disponible en: *http://www.cid.harvard.edu/cidinthenews/articles/Sciam_0301_article.html*

Salisbury, FB., Ross, WC. 2000. *Fisiología Vegetal l. Células: agua, soluciones y superficies.* Paraninfo, Thonson Learning. Cap. 6. Madrid, España. pp. 187-193.

Sampietro, AD. 2010. *Alelopatía: Concepto, Características, Metodología de estudio e Importancia. Disponible en: www.uv.mx/personal/tcarmona/files/2010/08/Sampietro-.doc*

Sánchez Londoño, J., Valderrama Uribe, G. 2013. *Biología del Suelo. Disponible en: https://biologiadelsueloscsudea20132.wordpress.com/macrobiologia/macrofauna-del-suelo/mamiferos-pequenos/*

Secretaría de Medio Ambiente y Recursos Naturales. 21

mayo 2016. México país megadiverso. En: https://www.gob.mx/semarnat/articulos/mexico-pais-megadiverso-31976#documentos

Secretaría del Medio Ambiente, Recursos Naturales y Pesca. 1996. Evaluación del Desempeño Ambiental. Documento de trabajo para el informe de la Organización para la Cooperación y el Desarrollo Económico (OCDE). Inédito. SEMARNAP. México.

Sela, G. 2017. *El Cloruro en las Plantas, Agua y Suelo.* En: Smart-fertilizer.com. Disponible en: https://www.smart-fertilizer.com/es/articles/chloride

Serrano, LLD. 1979. *Comunidades: Definición y Características.* En: Cruz, UBS., Arechavaleta, IY. *op. cit.* pp. 143-149.

Serrano, LLD., Díaz, G.VE. 1990. *Interacción de los Seres Vivos.* Edición del Plantel Naucalpan del Colegio de Ciencias y Humanidades. U. N. A. M., Naucalpan, Edo. de México. 249 pp.

Sevilla, LM. 1977. *Temas Ecológicos.* Publicación del Consejo Editorial del Instituto Politécnico Nacional. México. 78 pp.

Soto, MC. 1965. *Vocabulario Geomorfológico.* 1a. Ed. del Instituto de Geografía de la Universidad Nacional Autónoma de México. México, D.F. 202 pp.

Sowers, BG., Sowers, FG. 1990. *Introducción a la mecánica de Suelos y Cimentaciones.* Limusa Noriega Editores. México. p. 23.

Storer, HJ. 1966. *La Trama de la Vida. Introducción a la Ecología.* Colección Breviarios (143) del Fondo de Cultura Económica. México. pp. 18-20.

Tamayo, LJ. 1996. *Geografía Moderna de México.* 10a. Ed., 3a. reimpr. Trillas, México. pp. 157-169.

Tootill, E., 1992. *Diccionario de Biología.* Norma Educativa. pp. 139, 311.

Valdés, M. 1989. *Aspectos Ecofisiológicos de las*

Micorrizas. Bol. Soc. Bot. México. 49:19-30.

Vela, GL. 2006. Provincias florísticas y tipos de vegetación de México. En: Waizel, BJ. 2006. (Coord.). *Las Plantas Medicinales y las Ciencias. Una visión multidisciplinaria.* Instituto Politécnico Nacional, México. pp. 153-168.

Vidal, LJ. 1979. *Factores que influyen en la Distribución de los Seres*. En: CRUZ, U. B. S. e Y. I. Arechavaleta. *op. cit*. pp. 119-124.

Villee, AC. 1988. *Biología.* McGraw Hill, Interamericana de México, pp. 116-119, 694-717.

Vogel, G., Angermann, H. *Atlas de Biología.* Omega. Barcelona. p. 273.

Waizel, BJ. 1970. *Análisis de la Influencia de Algunos Factores en la Germinación de las semillas de Pinus strobus var. chiapensis Mtz.* Tesis Profesional, Biólogo. Facultad de Ciencias. Universidad Nacional Autónoma de México. México. 55 pp.

Waizel, BJ. 1999. *Introducción al conocimiento de la magia de los muérdagos. Revista Investigación Hoy* (Instituto Politécnico Nacional, México) 85:13-19.

Waizel, BJ. 2006. *El suelo*. En: Waizel, BJ. 2006. (Coordinador y Coautor). *Las Plantas Medicinales y las Ciencias. Una visión multidisciplinaria.* Instituto Politécnico Nacional, México. pp. 135-152.

Waizel, BJ. 2006. *Introducción a la ecología vegetal.* En: Waizel, BJ. 2006. (Coord.). *Las Plantas Medicinales y las Ciencias. Una visión multidisciplinaria*. Instituto Politécnico Nacional, México. pp. 111-134.

Waizel, BJ. 2014. *Plantas de zona templada empleadas en Homeopatía.* Instituto Politécnico Nacional, México. pp. 15-17.

Walther, K. 1931. *El Papel de los Estudios Agrológicos. Revista de la Facultad de Agronomía.* # 4. Montevideo, Uruguay.

Ward, B., Dubos, R. 1984. *Una sola tierra: El cuidado y conservación de un pequeño planeta.* Fondo de Cultura Económica. México. 280 pp.

Weaver, EJ., Clements, FE. 1951. *Ecología Vegetal*. Diana, México. pp. 101-118.

ACERCA DEL AUTOR

José Waizel-Bucay, es Biólogo, Maestro y Doctor en Ciencias por la Universidad Nacional Autónoma de México (UNAM), nacido en la ciudad de México, realiza sus estudios profesionales en la misma ciudad. Fue Profesor e Investigador Titular en la Escuela Nacional de Medicina y Homeopatía dependiente del Instituto Politécnico Nacional (IPN), en la ciudad antes mencionada, donde trabajó 36 años en el área de Botánica Médica. También fue el fundador del Herbario de plantas medicinales de la misma Escuela, y se retiró en el año 2017.

Es autor y coautor (editor) de 8 libros que tratan acerca de plantas medicinales, 5 de ellos publicados por el IPN (1-5), uno por la UNAM (6) y dos por amazon.com, tres ellos, han sido reimpresos.

1) "Las Plantas Medicinales y las Ciencias, una visión multidisciplinaria" 2006, 587 pp. ISBN: 970-36-0025-5, (coautor y editor).

Y cómo autor único de: 2) "La Medicina por Medio de las Plantas. Su recorrido a través de las culturas y la Historia" 2011, 120 pp. ISBN: 978-607-414-232-7.

3) "Las Plantas y su Uso Antitumoral. Un Conocimiento Ancestral con Futuro Prometedor"2012, 495 pp. ISBN: 978-607-414-298-3.

4) "Plantas de zona templada empleadas en Homeopatía", 2014, 268 pp. ISBN: 978-607-414—443-7.

5) "Plantas empleadas en el tratamiento del asma. Botánica, fitoquímica, etnofarmacología", 2016, 495 pp. ISBN: 978-607-414—556-4.

6) "Cultivo, aislamiento y variación de principios activos de 3 especies de plantas con propiedades anticancerígenas". Edic, facsimilar de la Tesis Doctoral. Colegio de Ciencias y Humanidades. UNAM. México, D. F. 1979. 90 pp.

7) Waizel Bucay, José. Libro electrónico (Kindle-eBook) "Plants from temperate zones used in homeopathic medicine, Botanical, Ecological & Pharmacognostic Features". Disponible en amazon.com, desde 8-septiembre del 2019.

8) Waizel Bucay, José. "Plants from temperate zones used in homeopathic medicine"-Botanical, Ecological & Pharmacognostic Features". Edición en pasta blanda. 359 pp. ISBN. 9781698578-422. Disponible en amazon.com, desde 10 de octubre del 2019.

Ha presentado 189 ponencias y/o conferencias en eventos nacionales e internacionales y tiene 114 publicaciones en revistas nacionales e internacionales y en memorias de congresos.